电力工程管理与智能变电站设计

张大伟　李乔木　姜慧武　主编

U0178586

东北林业大学出版社
Northeast Forestry University Press
·哈尔滨·

图书在版编目（CIP）数据

电力工程管理与智能变电站设计 / 张大伟，李乔木，姜慧武
主编. —哈尔滨：东北林业大学出版社，2023.2
　　ISBN 978－7－5674－3082－2

　　Ⅰ．①电… Ⅱ．①张…②李…③姜… Ⅲ．①电力工程–
工程管理②智能系统–变电所–工程设计　Ⅳ．①TM7②TM63

　　中国国家版本馆 CIP 数据核字（2023）第 043567 号

责任编辑：董峙鷚
封面设计：文　亮
出版发行：东北林业大学出版社
　　　　　　（哈尔滨市香坊区哈平六道街 6 号　邮编：150040）
印　　装：河北创联印刷有限公司
开　　本：787 mm × 1092 mm　1/16
印　　张：15
字　　数：164 千字
版　　次：2023 年 2 月第 1 版
印　　次：2023 年 2 月第 1 次印刷
书　　号：ISBN 978－7－5674－3082－2
定　　价：68.00 元

编委会

主 编

张大伟　国网河南省电力公司洛宁县供电公司
李乔木　国网山东省电力公司济南供电公司
姜慧武　江山海维科技有限公司

副主编

李吉祥　开封市规划勘测设计研究院
梁　川　鹤壁煤业（集团）有限责任公司
孙宇光　鹤壁煤业（集团）有限责任公司
王　旭　呼和浩特供电局
王自伟　鹤壁煤业（集团）有限责任公司
张孝森　青岛大舜电力工程咨询有限公司
周建国　国能赤峰生物发电有限公司
（以上副主编按姓氏首字母排序）

前　言

随着我国经济的迅猛发展和生活品质的不断提升，人们对电力企业的要求不断提高。电力资源的供应已成为人们日常生产、生活中密不可分的一部分。电网建设为人们生活带来了许多便利，促进了我国经济的发展，但是在建设过程中仍然存在许多问题，尤其是项目管理方面的问题，不仅会影响电力企业的经济效益，而且会对社会效益造成不利影响。只有不断改进电力项目管理方式，紧跟时代步伐，才能使电力企业取得良好的社会效益与经济效益。

在当前智能电网快速建设的新形势下，智能变电站数量不断增多，智能变电站投入使用后，可有效地满足用电客户对电能调配的需求，而且自身运行效率有了大幅度的提升。近年来，我国加快了智能变电站的建设，自动化系统也开始在智能变电站中得以广泛应用，在自动化系统中，各项关键技术发挥着非常重要的作用，有效地保障着自动化系统的正常运行。设计是总承包项目实现成本控制、进度控制的重要环节和有效手段。设计企业贯彻设计为龙头的理念，重视从技术方案、技术标准、技术参数、设备管理等技术源头和关键工作环节进行管控，尽早着力开展相关设计管理工作，可有效降低项目执行中的一些风险，更能切实提升设计企业在总承包管理方面的水平，增强项目的经济效益，更好地发挥设计企业的设计采购施工一体化的责任主体优势。

本书主要介绍了电力工程项目管理现状、电力工程建设项目管理模式分析、电力公司工程项目管理系统需求分析、电力工程项目管理模式设计、智能变电站监控系统的关键技术分析、智能变电站系统设计、电力公司工程项目管理系统的实现等内容。本研究有助于推动能源转型和智能化发展，优化能源供应链和电力市场运营，促进电力行业的创新和竞争力。

由于作者水平有限，时间仓促，书中不足之处在所难免，恳请各位读者、专家不吝赐教。

作者

2023 年 1 月

目　录

第一章 绪 论

第一节 研究背景

一、电力工程

国民经济的发展离不开电力的发展，电力行业的兴起是我国经济发展的基础，不过电力工程项目的发展困难比较大，由于电力工程项目施工建设时间长、投资非常大、参与的主体比较复杂、组织关系也千丝万缕，造成了电力工程项目的发展存在很大的不确定性。不管怎样说，在电力工程项目的发展中，最重要的问题就是安全，安全是电力工程项目的永恒主题，而安全与风险管理是夯实安全基础的必要手段和有力保障。虽然我国十分重视电力工程项目的建设，但目前我国电力的供应仍然短缺。当前我国许多电力工程项目面临着工程时间紧、任务重，出现了工程安全、质量与工程进度的矛盾。因施工安全造成的事故也是屡有发生，为国家带来了巨大的经济损失。此外，电力工程项目风险管理与电力企业未来发展关系密切，由于很多企业不重视对电力工程项目风险的管理与风险评价，进而在经营管理工作中产生巨额的亏损，甚至有致使企业破产倒闭的可能性。

电力工程项目是我国基础设施建设的重要组成部分。自 2000 年开启电厂与电网分离模式后，我国电力工程建设也发生了巨大变化。伴随着时代发展，人民的生活及工业用电需求量越来越高，国家为了满足人民的需求，建设了各式各样的电力工程。电力工程技术不断成熟，在传统的电力工程模式基础上，出现了电力系统管理、智能电网模式等新兴项目。近年来，随着建立智慧城市概念的提出，电力工程建设的需求更加凸显。

自 21 世纪以来，中国国家电网公司经历了"厂网分家"的系统改革，并取得了显著的成效。电力系统经济改革的下一个重点将是输配电网与我国电力市场的分离，这样的改革方向虽然满足了能源领域竞争的基本需求，但会在电力行业产生新的问题，如电力生产公司的利益将受到电网和燃料厂商两方侵蚀，其可盈利空间被大大压缩。总揽当前我国电力项目的管理模式和方法，传统的管理模式并不能够适应当今的电力管理需求，需要参考新兴的国内外新项目管理模式做出相应的改进。随着近年来电力营销过程的深化和中国经济的发展，消费者对于电力供应可靠性和电能质量的要求也在不断提高，传统的管理模式已经不能满足社会和企业自身发展的需要。

随着国民经济的不断发展，科学技术的不断进步，能源产业作为国民经济的基础产业，其管理模式也在不断更新。特别是电力相关的项目投资金额巨大，技术要求难度较高，电力项目的管理工作也越来越困难，国家和行业对电力项目关注度明显提升，要想取得良好的社会效益，企业必须以可持续发展为战略，加大监督力度，不断提高其价值创造能力。这符合能源部门改革进程和社会主义市场化经济发展的需要，也符合能源公司自身发展和利益增长的需要。

二、变电站

变电站是电网配变电的核心节点，承载着大面积区域的生产、生活用电。随着我国人口的增加，城市规模逐渐变大，变电站的数量也在逐渐增加，电网规模也随之增加和扩大。超大规模的电网则需要大量的人员进行维护和管理。这极大地增加了电网人员的数量，也增加了人力维护的成本。随着科技的不断进步，对电网运行管控也提出了更高的要求，智能电网和坚强智能电网的提出则要求人们充分利用技术手段提高电网的自动化运行水平，保证电网运行的可靠性。

在变电站方面，传统规模变电站向程序化运行变电站转变，并最终实现智能化变电站。随着电子式互感器技术的发展和成熟，解决了传统互感器容易产生电磁饱和的问题，因此也解决了智能变电站中最为关键的技术问题。现如今，智能变电站的实验已经取得了较好的效果，许多新建变电站都逐渐采用智能变电站建设方案。遥控、遥信、遥测、遥调方案的普及降低了各项操作对人工的依赖，因此也使得变电站可以实现无人值守运行。但是目前智能变电站的无人值守并不是完全意义上的无人值守，其只是在电气调度方面，较少的有人员参数，所有的调度控制方面的操作，全部由控制系统的自动化设备完成。但是对变电站的日常运维管理工作，仍然需要人员的参与，如针对设备运行的巡检，尤其是在面对恶劣天气时，要加强对变电站所有电气设备的巡检力度。同时在少人值守或者无人值守期间，存在较为严重的盗窃变电站资源的问题，这给变电站的安全运行带来巨大隐患。因此，为了解决这一问题，在无人值守变电站上增加了遥视功能，遥视功能主要是利用视频监控技术，实现对变电站的视频监控，目前的视频监控属于一种被动的监控模式，即它无法及时发现盗窃行为并自动报警，而只能是在盗窃案件发生以后，辅助进行盗窃案件的侦破，或者需要值班人员实时关注视频监控系统，以及时发现盗窃行为，并进行报警。因此这种遥视功能并不能完全满足智能变电站的发展要求。从目前智能变电站监控系统的发展现状分析，其无法满足完全无人值守运行的要求。为了完全实现无人值守，变电站不仅要在电气控制方面实现自动化和智能化的运行，同时要在视频监控方面、环境监控方面、安防控制方面都有明显的提高，以应对各种可能发生的问题。如针对环境的监控，通常强降雨和大风天气需要关注变电站的地表浸水问题，看是否存在积水淹没电气设备，是否导致树枝、塑料等附着到电网上，造成可能发生的短路事故。在常规变电站中，遇到恶劣天气时，则需要及时巡检查看，而目前的智能变电站中，并没有针对这一问题的解决方案，而这一问题是影响变电站安全运行的关键问题。

目前智能变电站的各个系统都是独立运行的，如视频监控系统、安防系统、火灾报警系统等，这些独立运行的系统不仅在管理上十分复杂，同时在设计和施工方面也由不同的单位进行，成本增加。如果针对变电站升级的应用场景，这种分开独立的子系统基本无法实施，因此当前最好的解决方式是进行系统整合。事实上目前针对传统变电站的升级改造成为趋势，在电气自动化控制方面，主要进行程序化变电站系统升级，而在其他监控系统方面，则缺少一定的针对变电站系统的整合方案。变电站的综合监控整合系统要求能够通过先进的计算机技术、通信技术以及嵌入式开发技术等，把视频监控子系统、安防监控子系统、火灾预警系统等进行综合集成，实现统一的部署和管理。既保证在系统部署方面快捷方便，也保证在系统运行管理方面实现一站式的统一运维管理。

在现代通信技术的支持下，可以将所有子系统采集到的各种信息，利用网络通信技术实现远端传输，使得监控管理人员可以在远离现场的区域实现对变电站的各种信息的监控，当各个监控节点出现异常时及时告警，以实现故障的自动识别和处理。而当远程无法处理和解决时，维护人员可以及时到现场进行故障排除，如此操作大大降低了巡检人员的日常维护工作，在有效提高工作效率的同时，也提高了变电站运行的可靠性。

第二节 研究意义

电力基础设施的建设在电力工业改革过程中占有重要地位，如何才能保证能源技术建设的质量，促进中国机械制造科学合理，保证能源管理和企业效益，促进我国电力行业的发展稳步向前是我们亟须解决的问题。因此需要对传统的管理模式进行革新，研究出一种可以满足市场需求的创新型管理模式，建立一个更加严谨、完整的项目管理系统，提升电网公司的经济利益和竞争力。国家对电力市场进行大刀阔斧的改革，各种各样的电力工程项目层出不穷，传统的电力系统中的管理模式已经不能适应当前体制的更新变化，电力工程项目为满足时代的发展与需求不断地进行扩展，其管理体系也需要与之一同进行创新与优化，研究出一套适应当前电力工程项目发展的科学的、系统的、可操作性强的管理方法是必不可少的，只有这样才能管理好该电力工程项目中一切复杂事项、降低该电力项目的建设成本、提高企业的经济效益、稳定企业资金链，满足企业占领市场的竞争需求。

对智能变电站的研究，具有重要的实践和学术意义，主要体现在以下几个方面：

1. 提升电力工程管理效率

电力工程管理是保障电力供应安全和提高电力工作效率的关键环节。通过研究电力工程管理的方法、技术和策略，可以提升电力工程管理的效率和水平，确保工程建设和运营的顺利进行。

2. 优化电力系统运行

智能变电站作为现代电力系统的核心设施之一，集成了先进的通信、自动化和智能技术。通过研究智能变电站的设计、运行和管理，可以优化电力系统的运行和控制，实现供电的高可靠性、高效率和高质量。

3. 促进电力系统的可持续发展

在能源转型和碳减排的大背景下，研究电力工程管理与智能变电站的可持续发展意义重大。通过引入清洁能源、智能化调度和优化配置，可以推动电力系统的绿色转型，实现可持续发展的目标。

4. 推动科技创新和产业发展

电力工程管理与智能变电站的研究需要应用先进的技术和方法，涉及信息技术、通信技术、自动化控制等多个领域。通过研究和应用这些领域的新技术和新理念，可以促进科技创新和电力行业的发展，推动相关产业的壮大。

电力工程管理与智能变电站的研究对于提升电力工程管理效率、优化电力系统运行、推动可持续发展以及促进科技创新和产业发展具有重要的意义。这些研究努力将为电力行业的发展和现代化建设提供理论指导和实践支持。

现代电力工程项目自身复杂多变的特点，给具体的实际操作带来了很多不确定的因素，提高了施工过程中的风险率，为了全面做到对项目把控，控制风险，本书对电力工程项目风险管理进行了深入的研究。我们要结合具体实际工程情况，针对具体项目做到有针对性的分析，把项目风险管理做到量化加以控制，运用动态分析的手段做到宏观把控，突出项目实施中的重点、难点，做到有层次的划分，有针对性的把握；同时也要提高每个人的风险意识形态，切不可因为个人的大意造成损失，完善规章制度，加强制度的落实，制作成从上到下一体化的项目管理模式，让每个人都参与进来，从而保证项目的风险管理得以顺利进行，控制风险的发生率。

电力系统改革后，在电力系统内部进行厂网分离，打破了过去由政府管理管控所有的电力市场的局面，为电力行业带来了竞争以及发展的活力，增强了电力企业的积极性，为市场经济注入活力。但是带来优势的同时也给电力企业带来了巨大的风险，以前电力企业厂网不分离，一家独大的情况不复存在了，所以只能不断地去建设新型的电力工程，在建设的同时还要实现资源的最大利用率，做到节约资源、降低经营成本。要想实现这一目标，首先需要在系统内部进行科学性较高的、系统性较完善的管理，如何进行这一管理，采取何样的管理方式，对过去的管理方式应该进行何种创新与优化已成为当前电力企业需要着重思考的问题。

在探究最恰当的管理方法时，要从我国当前的实际情况出发，研究出最符合我国发展现状的方法。在这一过程中，可以通过对国外的优秀管理方法进行研究与借鉴，再与我国国情相结合，形成具有中国特色的、满足中国电力工程项目发展的管理方法。管理能力是企业发展过程中必不可少的能力，也是决定企业能否获得经济效益、能否具有更强的竞争实力的必要因素。对其进行研究，有利于促进我国电力事业的发展，从而带动我国国民经济的发展。

第三节　研究方法

管理方式对于该电力工程项目的重要意义在于能够对该项目开展过程中的一切环节进行规范约束，减少该过程中资源浪费现象，降低企业的成本支出，提高质量要求，满足建设使用目标。项目管理模式对于规范项目管理，提高项目建设质量至关重要。根据中国电力工程项目管理中存在的问题，本书通过对电力工程项目管理模式和项目管理涉及的问题，拟定解决方案，建立一种适用于我国电力工程建设项目的基于模式设计的项目管理方法，可以在提高企业竞争力的同时提高企业的经济效益和社会效益。

一、文献证实

在研究大量有关文献的背景下，总结出文献主要结构、写作目的。根据文献中的范畴和主要内容，本书对文献进行了总结，并对研究内容进行了时间轴上的排序。通过阅读文献，对电力工程项目管理发展过程有了一个相对全面的了解，并探索其意义。这一步骤有利于笔者在现有成果的基础上，明确下一步的研究思路。在本书中，笔者试图结合中国当前项目管理中存在的问题，寻找创新管理模式。

二、定性分析

定性分析是最常用的一种研究方法。笔者利用定性分析深入研究和探讨了各种现有项目管理模式的利弊和其各自适应的工程类型和范围，方便下一步为科学合理地选择适合我国电力工程项目的管理模式提供一定的思路和研究办法。在定性分析这一阶段，笔者对于当前的电力工程项目管理办法，结合实际情况进行研究，更加有力地证实了项目管理对工程建设的重要性。

三、比较研究方法

比较研究方法对各类工程项目管理模式更为直观，特别是对各项目的利弊进行详细分析，明确相应模型的内在属性，应用模式的综合整合。

第二章 电力工程项目管理现状

第一节 电力工程项目管理

一、电力工程项目管理体系

越来越多的企业在本企业出资建设的工程中，开始对项目进行管理，我国目前积累了众多项目管理方法的经验，虽然电力企业很特殊，但是也可以学习其他行业的管理方法，选择适合自己的，不过在运用时还是要依据该项目的具体情况进行分析。电力企业的工程项目建设管理工作需要将电力企业的项目分解为一个又一个的小项目，从一个又一个的小项目开始一步一步地完成。电力企业可以向其他负责该项目的相关机构提供工程信息，提出该项目的具体要求。相关机构需要依据相关要求、相关信息做好项目的建设工作。电力工程项目管理体系如图 2-1 所示。

在图 2-1 上可以清晰地看出电力工程项目管理体系主要分为三个层级，其一是在项目进行之前，该层级人员根据企业的发展战略制定该项目的战略管理方式；其二与其三都是在项目进行过程中发挥作用，不同的是，管理层负责理论依据上的规划与制定，执行层负责理论实践过程中的种种问题。这三个层级的具体管理工作在图 2-1 中有清晰的表示。

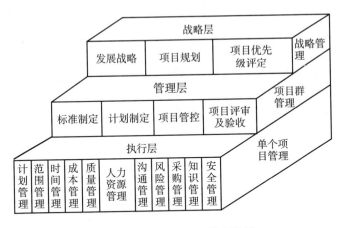

图 2-1 电力工程项目管理体系

值得一提的是，在该管理过程中有一个管理是针对工程进度的，这一管理方式是在工程实施之前做好的项目规划。但是，其管理工作不仅局限于工程实施之前，在工程实施的过程中，相关的管理人员必须根据当前进度情况进行合理的分析，一旦发现该工程的进度有所偏离或延后，要及时分析原因、及时调整。这一做法对于该工程而言最大的作用在于能够确保企业在规定的时期内完成该项目，该项目能够为企业带来时间价值，能够尽早地为企业赚取利润，稳定企业资金链，因此这一管理在项目工程建设的过程中极其重要。

二、电力工程项目管理特征

与其他行业的工程项目不同，电力工程项目作为我国的基础设施建设有着其独特的特点，因此其管理特点也与其他行业不同，主要有以下几方面。

（一）目标明确性

一般情况下，电力工程项目的寿命周期是可以预估的。项目在其不同的阶段有不同的管理目标，应根据不同阶段的划分，制定不同的管理目标，并制定具体完成的措施。目标管理是项目管理中非常重要的管理内容，目标就是方向，明确的目标会让管理更有目的性，更有效率。

（二）周期长、费用高

电力工程项目一般从项目可研立项到最后施工投产往往经过几年甚至十几年的时间，包含了项目可行性研究、项目决策、勘察设计、施工、竣工验收以及工程保修等，参与方多，工程耗费大。

（三）专业性

电力工程是一个专业性极强的产业，包括了土建、建筑、电力以及一些特殊工种的复合型产业，为了达成项目的各项目标，不但要求要有专业的技术人员，更要有专业的管理人才，最好是有懂技术、会管理的复合型人才，可以更好地进行项目管理工作。

（四）不确定性

电力工程项目管理是一项复杂的工作。项目周期长，未知不可预见的因素多，电力工程管理是一套系统的管理科学，需要运用各种手段和方法来完成，与一般的生产管理有很大的不同，不但涉及企业内部的协调，还需要外部与施工各方、政府各部门等多方协调工作，加大了不确定性因素。电力项目特别复杂，主要是由建设单位需要建设的工程难度决定，并且建设施工持续的时间也很长，参与工程建设的行业领域也较多，除此之外，修建电力设施还会受到极恶劣的天气以及自然环境的影响，并且不同的建设工程的目标不一样，建设的地方不同，可能遇到的问题也会不同，所采用的管理方式方法也不一样，每一个工程都有唯一性，因此，在对工程进行管理时，需要全面了解把控工程的所有环节，这需要管理人员具备较强的综合能力。

（五）固定性

电力工程是国家基础项目，通常地址的选择要求有水、电、铁路等，一旦选定，则具有固定性，是不可移动的，而且项目是关系国计民生的基础项目，不但履行企业自身责任，还要履行一定的社会责任，因此对电力工程项目建设要求较高。

（六）管理创新

随着电力产业的不断深化改革以及国家对环保工作的日益重视，各种新型能源不断用于发电，对于不同类型的电力企业如火电、风电、水电甚至于太阳能发电等新的项目要求我们必须具有管理创新的思想，尽管都是电力企业，但管理的思想和方法还是不同的，项目的创新必须要求管理创新，寻找一条适合不同企业的管理之路。

项目管理工作具有组织性，这一点主要是因为该工程建设环节较多，且环节之间联系紧密，一旦某个环节出现问题，整个工程工期都可能会顺延，甚至出现重大质量问题，导致人力、物力等各种资源的浪费。

项目管理工作具有科学性，越来越多专业性管理公司如雨后春笋一般涌出，这是因为电力企业内部缺乏具有科学性理论知识的专业人员，在建设工程过程中需要运用到多种多样的科学知识，比如管理学、逻辑学等，也需要掌握多种多样的科学管理方法，比如网络技术法、逻辑框架法等，只有掌握这类专业知识的专业人员进入项目中运用科学手段对项目进行管理，才可以提高项目工程的质量和安全，减少建设过程中出现的错误，从而节约成本。

三、电力发展建设中电力工程项目管理内容分析

结合当前我国电力事业的发展状况，在进行电力工程项目的管理开展与实施中，主要就是结合电力工程项目施工建设的实际情况与具体要求，在相对应的时间与建设要求范围内，对于需要建设完成项目采取合理的方式，通过人员组织等以在对于工程项目建设进行有效管理的情况下，进行工程项目施工建设进度的控制与管理，保证工程项目的施工建设符合要求并能够按期完工。结合电力工程项目的这一管理情况与管理要求，可以将电力工程项目管理工作概括为以下几点。

首先，对于电力工程项目的管理，实际上就是对于电力工程项目施工建设计划的管理，同时做好电力工程项目施工建设过程中的各种协调工作。在电力建设与发展中，对于电力工程项目的管理来讲，其本身是一件相对较为复杂的管理工作，在管理开展与实施过程中，需要一套完整并且合理的管理机制对于管理工作的开展实施进行支持，而在电力工程项目管理中制订一个科学合理的管理计划，是保证管理质量以及管理目标实现的关键基础与重要

措施，同时也能够在管理过程中，按照计划内容对于每个阶段的目标任务进行管理与控制，以保证整体目标的实现。因此，电力工程项目管理实际上就是进行电力工程项目的计划管理和全面协调实施。

其次，进行电力工程项目的管理，还是对于电力工程项目施工建设进度以及建设过程的控制管理。这主要是因为在进行电力工程项目管理中，从电力工程项目的施工建设申请手续批准实施后，就需要对于施工建设进度进行控制管理，同时结合施工计划对于各个阶段以及工程项目的完成情况进行管理督促，以保证整体施工目标的实现。此外，工程项目施工建设质量与管理水平之间有着直接的联系，为了保证管理的质量与效果，还需要对项目施工建设的具体过程和细节进行控制，以保证施工建设以及管理的质量效果。

再次，进行电力工程项目的管理，还是对于电力工程项目施工建设的投资费用以及安全质量的管理。通常情况下，在电力工程项目的施工建设期间，对于工程项目施工建设所投资的资金费用，主要是为了保障工程建设在合理预算范围内完成，这也是工程项目管理的一个重要内容，因此，通过对工程项目建设投资费用的控制管理，来达到相关的建设目标，同时进行建设效益的保障。此外，在电力工程项目的施工建设中，其安全质量也是一个施工建设的重要内容部分，只有通过对电力工程项目施工建设的安全以及质量的控制，才能够保证相应的建设目标的实现，因此，对于电力工程项目管理来讲，其施工建设安全和质量也是一个重要管理内容。

四、电力工程项目管理重要性

电力工程项目管理作为一项针对电力工程项目施工建设开展实施的工作，其管理中本身就包含着对于电力工程项目的分析以及设计实施等，在电力工程项目建设中，不仅能够为其施工建设的顺利开展提供相应的数据支撑，以保证施工建设的科学合理，同时还能够实现对其过程的优化控制，是保证其质量以及安全的关键措施，在电力工程项目建设中具有非常重要的作用和意义。

电力工程项目包括电能的生产工程、电能的输送工程以及电能的分配等相关领域工程。电力工程项目的管理能够为工程项目的顺利开展提供有效的控制手段，从而保证工程的质量、施工进度以及施工成本等多方面因素。项目管理工作可以实现工程材料、施工人员以及前期成本投入的合理利用，提高施工效率，加快施工进度，提高项目工程质量，进而提高电力企业的经济利益，对电力工程项目的有效开展具有非常大的作用。对施工过程中的各个要素进行精细化管理，从施工前期的准备，到施工过程中质量的审核，以及工程竣工后的收尾都具有非常大的影响。科学的项目管理模式能够提高工程质量，进而提升企业竞争力，为企业在电力市场上的发展做出贡献。

第二节 电力工程项目管理的现状及改进

一、电力工程项目管理现状分析

电力工程建设与其他的项目建设相比有很大的不同，具有很强的特殊性。电力工程建设的资金投入大、施工工艺复杂、配套设施多、对施工质量和施工安全的要求非常高，而且其工期长、工程量琐碎、参建单位多，这些都给电力工程建设的项目管理工作带来了很大的挑战。目前在我国的电力工程建设中，许多电力企业仍然采用的是传统的项目管理模式，极大程度地制约了电力工程建设的质量。在传统的项目管理模式中，建设单位与设计、施工和监理单位分别签订相应的承包或者委托代理合同，由建设单位、施工单位和监理单位三方构成一个项目管理体系。在这种体系中，监理单位受建设单位的委托，依法承担建设过程中施工安全、工程质量、施工工期、工程造价等监管责任。在多年的实践过程中，这种传统的项目管理体系暴露出了许多弊端，严重影响了电力工程建设的顺利展开。

（1）单独依靠监理单位很难实现对工程项目在施工过程中的全方位、全过程控制，而且监理单位所采用的管理手段多是以事后控制为主，缺乏有效的事前预防措施。

（2）监理单位的工作重心主要放在了对施工质量的控制上，对于施工安全、进度以及工程造价的控制重视程度不够，在施工过程中的项目管理工作缺乏全面性，可能导致电力工程建设安全事故不能杜绝，工程造价偏高，工期超期。

（3）在电力工程建设中，项目管理普遍存在执行力不够的问题，施工单位没有将有关电力工程建设的规章制度真正贯彻落实到施工作业现场。

以上这些问题结合在一起，在相当程度上困扰着目前我国电力工程建设的项目管理工作。

结合当前我国电力工程项目管理的开展与实施情况，在当前的社会背景与管理环境下，影响和制约电力工程项目管理提升与发展进步的问题主要表现为以下几方面。

首先，在电力工程项目管理过程中，由于受到传统的计划经济体制管理理念的作用和影响，导致现阶段的电力工程项目管理中仍然存在着比较严重的传统管理理念，因此，在管理决策以及管理计划的制定实施中，科学性与合理性缺乏，从而影响电力工程项目管理的质量与效果。

其次，在现阶段的电力工程项目管理中，依附式的管理体制与管理方式，导致在管理开展与实施中，缺乏相对独立的管理运作空间，从而必然会对管理质量与效率产生不利影响。

再次，在电力工程项目的管理实施中，管理人才的缺乏也是当前管理开展与实施中存在的一个突出问题和现象。比如，在电力工程项目的管理开展与实施过程中，项目管理以及管理市场调研人员的缺乏，会导致电力工程项目管理中的管理依据不充分或者是管理制度缺乏等，必然会对管理质量与效果造成不利影响。此外，管理方案设计人才以及审计人员等，也是电力工程项目管理中比较缺乏的人才类型。

随着我国居民财富不断积累，城镇化和智能化发展不断深入，需要更先进的电力基础设施提供能源。近年来，我国电力工程项目建设进展迅速，从实践经验中发现存在以下问题。

第一，不同环节、不同目标间相互割裂，缺乏全过程管理思维。

在项目建设过程中，目前已建立了一些全过程管理框架，针对建设过程中的设计、申请立项、项目建设、项目运行和项目退役等环节进行监管审批。但是仍然未形成有机的整体，各环节之间分别划分职权范围，缺少互动和呼应，且不同环节间的审批手续、难度和管理思路均不统一。缺乏全过程管理思维，导致在项目运行中，会对某些活动重复性投入资源。在不同环节之间的隔离，导致不同流程负责人间互相推卸责任，管理目标不明确。

第二，以经济效益为单一管理目标，缺乏对环境影响的关注。

随着环境问题日益严重，工程建设对于环境的影响也受到政府和公众的关注。工程建设不仅不应对环境造成污染，过程中也不应影响周围居民正常生活，工程项目建成后，应和谐融入周围环境，提升居民生活幸福感，满足绿色环保要求，具有积极正面的社会效应。

第三，以经济效益为单一管理目标，缺乏对生产安全的关注。

不同于工程项目建设初期粗犷的发展模式，目前项目建设对于生产安全的要求日益严格。以往传统工程管理实践中，往往仅将生产安全作为经济效益的附带条件，并没有将安全要求提升到更高的层次。生产全过程全员的安全不仅服务于经济效益原则，还影响到项目管理的各个方面。安全的生产观，不仅有助于实现更好的经济效益，还有助于项目不同利益相关者之间形成更好的良性互动模式。

二、传统电力工程项目管理中存在的问题

（一）工程监督体制不健全

电力工程项目管理有效性的一个重要保证是进行工程的监督，但是相关的政府部门并没有制定强制性的监督体制，导致在重大工程项目执行的过程中，容易出现职责的缺失，以及质量问题难以落实责任。另外，因为监督体制的不完善，电力工程项目管理的过程中，容易出现偷工减料的现象，对工程管理及施工质量、安全的控制产生不利的影响。

（二）业主自建模式的弊端

业主自建模式是一种传统的工程项目管理模式，也就是业主自行组织工程项目的管理机构展开项目的管理，但是这种管理模式的管理人员都是临时组建的，这些人员的管理经验和管理技术都不到位，会在工程管理的过程中造成严重的资源浪费，甚至导致施工成本和工期失控。

（三）电价机制上存在的问题

电力工程项目管理与电价机制有着密不可分的关系，决定着工程项目的运营成本，在传统的电力工程项目管理中电价的制定机制上存在着一些问题，

例如，电价形成机制、管理机制和电价结构都存在不科学、不合理的现象。"一厂一价，一机一价"的电价形式很难形成高效的控制机制，间接地造成了电力工程项目管理上的问题。

三、电力工程项目管理要点

安全管理工作的关键在于电力生产安全规章制度的执行和监督。在项目施工伊始，首要工作是成立安全管理组织机构，明确分工，责任到人，并根据所承担的施工项目建设特点，制定安全管理制度，并进行布置落实。其管理要点有以下几方面。

（1）要对所有施工人员进行安全教育和安规考试，施工人员持证上岗、佩戴统一吊牌。

（2）给予安监人员充分的奖惩权利，加大日常安全巡查力度，对发现的隐患及时通报，落实责任。

（3）施工队严格执行安全技术交底、班前会、标准化作业指导书。

（4）工程招投标阶段，工程建设单位应对参与投标单位资质进行严格的审查，坚决将资格不符合、管理混乱、人员素质低下的施工单位拒之门外。

（5）施工单位应定期对施工人员进行安全教育培训，对施工人员讲解现场施工重点、难点以及安全注意事项，对施工现场及周边施工单位出现的安全事故及时进行学习和总结，不断提高施工人员的安全意识。

（6）充分发挥监理单位在工程安全管理中的监督管理作用。

监理单位作为工程建设的主要管理方，应重点做好对施工单位的安全管理，要求施工单位做好安全教育、培训、安全技术交底、风险评估、安全检查等各项安全工作的开展，危险作业项目施工应实行旁站监理，不断提高施工人员的安全意识和施工单位的安全管理水平。质量管理对工程质量的控制和管理是电力工程建设项目管理工作的一个重要组成部分。电力工程建设的施工工艺比较复杂，对施工技术的要求比较高，因此电力工程的施工质量比较难以控制，稍有差错就会造成难以估计的负面影响。

在电力工程建设的施工现场，露天作业多，自然条件多变，现场配合复杂，使得电力工程建设的项目管理工作成了拥有许多质量控制目标的系统工程，管理工作比较琐碎繁杂，管理的难度比较大。在这样的情况下，为了保障电力工程建设的施工质量，对施工各个阶段进行质量控制，首先要做的就是制定一个科学合理的质量控制目标，编制一个质量管理的可行性计划，建立一个全体工作人员参与、在施工全过程实施的质量管理模式。

建设单位、施工单位、监理单位、设计单位在项目开工前，要对设计图纸进行会审，施工单位要报审施工组织设计、施工方案、作业指导书等，监理单位要编制质量控制点。施工阶段的质量控制主要体现在施工准备、施工方案、工序检查、分部工程检查、竣工验收、质量回访等方面，这几个方面是互相影响的，且与影响工程质量的因素关系密切，因此，要对这几个方面进行全方位的控制。在电力工程建设的项目管理中，进度管理的目标是在保障施工质量的同时，按照预先制定的工程进度进行施工，确保工程建设的实际进度与预期进度同步。

为了做好电力工程建设的施工进度管理，需要特别注意以下几个方面。

做好对施工项目的分析工作，根据施工现场的实际情况，分析可能影响工程进度的各项潜在因素，并在具体分析的基础上制定相对应的预防措施，将影响工期的因素扼杀在萌芽状态。

制订合理的电力工程项目施工进度计划表，根据施工进度计划表的要求进行进度管理工作。在制订施工进度计划之前，首先需要对电力工程的各项实际情况进行摸底调查，全面掌握工程项目的资金情况、人员情况以及资源情况等各项因素，明确工程建设所需要的各项资源，估算出工程建设所需要的工期，并厘清各项施工工作的依赖关系。在电力工程建设中，成本管理的主要工作内容是编制资源、估算成本、进行成本预算并基于此进行成本控制等。施工质量、施工进度以及施工材料和人力资源价格的变化等都会影响到电力工程建设的施工成本。因此，在实施成本管理时，需要通过成本分析法和图表法等手段，严格控制施工过程中发生的变更，对因这些变更引起的成本变化做好控制和记录工作，确保施工的实际成本与预期成本相匹配。

四、加强电力工程建设中项目管理的策略

根据目前我国电力工程建设中的项目管理的现状，本书提出了几点加强电力工程建设中项目管理的策略。

（1）提高工作人员的专业素质。要想搞好项目管理工作，是需要以拥有良好的专业素质的人力资源为保障的。在电力工程建设的项目管理工作中，既拥有一定的电力专业知识和工程管理经验，又懂得管理学和法律的专业管理人才对于提升项目管理水平来说尤为重要。这种专业知识丰富、管理经验

突出的复合型人才是做好电力工程建设中的项目管理工作的基础。因此，应当致力于提高工作人员的专业素质，通过建立健全各类工程师的考核和注册制度，提高专业门槛，对项目管理人员实施定期的培训和深造等措施为电力工程建设中的项目管理搭建一个良好的平台。

（2）采取一个行之有效的组织结构是实现电力工程建设项目管理工作的基础。必须根据电力工程建设的实际情况，选择一个合适的、高效的项目管理组织结构。在矩阵式组织结构中，矩阵的水平坐标代表工程项目的进度，从项目的立项、策划、勘察、设计、招标一直延伸到施工和竣工验收阶段；而其竖直坐标表示电力工程建设的各个专业，如与工程建设有关的地质、结构、施工、设备安装等各个专业方向。针对电力企业而言，中小型电力企业通常可以采用矩阵式的管理模式，而一些大型电力企业则可以根据实际情况在采用矩阵式组织结构的基础上，按照地区的不同实施具体的管理模式。

（3）推行目标式项目管理。在电力工程建设的项目管理中，要积极推行目标管理模式，努力实现在施工的全过程对目标的控制和管理。这就要求根据项目的实际情况，制订一个合理的目标计划，并通过对目标的进一步剖析和细化，制定为了完成目标所需的具体实施细则，在电力工程建设的全过程中，对项目目标实施实时的控制、对比和纠偏措施，力争通过这些控制措施实现既定的目标。

第三章 电力工程建设项目管理模式分析

第一节 电力工程建设项目管理模式

一、项目管理定义

（一）项目

项目是为了实现某一目标而进行的一系列活动的总称，它具有一定的目的性，是需要人们去完成的一种任务。因此，可以说该项目是一系列任务或活动。项目不是一个简单的活动，它也不是一个人就可以完成的，大多数需要依靠组织或者专门队伍来实现。项目的组织有时可能只由几个人组成，有时可能需要上千人，此外，同一个项目有时会根据临时需要组成团队，这种情况大多是项目时间紧迫。一般有时间限制的项目会因为存在很多突发情况使项目本身变得复杂，许多组织需要共同完成项目；当时间限制松散时，项目的进度可能很缓慢，甚至长期没有进展。运行该项目时，项目的组织更重要，这也就意味着项目管理更重要。

（二）项目管理

在实际问题中对管理系统进行整理，项目概念阶段、组织发展阶段、竣工验收阶段、项目资金和设施等各个方面的项目找到合适的方法进行全面管理，对人员、工程进展、施工质量等进行实时监控，确保项目顺利进行，达到预期效果。根据电力工程行业的施工特点，项目管理团队将有效规划安排、控制和分配项目，保证电力工程项目的万无一失，项目经理负责整个电力工程项目建设工作、项目内部控制，并根据相关合同内容，即范围维度、时间维度、成本维度、质量控制、人力资源、风险评估、材料设备获取维度以及集成维度管理。项目管理侧重于业主的目标，并努力实现项目利益相关者的预期要求和目标。

第一，它比较复杂。由于包括许多业务领域在内的能源技术项目建设期较长，相应的规章制度也在不断增加。许多节点相互连接，每个节点都表现出紧密的相互依赖性。偏差会影响整个能源项目的进度或质量管理，影响整个项目的实现。要对电力企业资产进行全面监管，就要有过硬的监管水平和监管力度。

第二，它是独一无二的。该项目不可重复，项目必须在一定程度上从成功的案例中汲取经验进行学习，项目又受环境、人文、社会等因素的影响。项目存在风险性和复杂性，因此，对电力工程项目的管理工作必须做好。

第三，开创性是工程项目的独特性。在项目管理中，我们会根据项目的具体情况制定相应的管理方法。开创性工作已成为企业管理和工程项目中非常重要的管理理念，越是复杂的电力工程项目，技术和困难的管理项目越可能会激发管理者开放性的思维模式。

第四，确定目标。一个项目要想取得好的成绩，必须要有严格的管理制度和明确的目标，明确的目标是工程成功的一半，没有目标的项目根本没办法进行。

二、建设项目管理模式

根据具体目标和管理理念制定相关管理模式，管理模式是项目工程的关键，管理模式包括各项目管理理念、管理方法，对传统管理模式进行优化完善，主要管理内容通常包括项目设计、合同、设备、材料、结构、质量、安全管理等。项目管理系统是一个特定项目管理理念的防御性管理系统。

（一）工程项目管理模式

通过不断的实践开发形成各种项目管理模式，以适应不同项目建设的需要。这些项目管理模式各有优势，促进了项目的顺利建设。但是，对于不同的建设项目，应根据项目建设的特点等实际情况采用项目管理模式，以达到项目管理的目的。

（二）我国项目管理模式

1.规划—招标—实施模式（DBB 模式）

DBB 模式在我国利用率较高，是我国项目管理中常用的管理模式，即项目在相关人员规划好后实施的一种模式。项目竣工后，项目投入使用，项目建设委托报价和质量要符合要求。该模式由委托设计和安装等不同的单位共同组成。当前，中国大多数电力工程项目都使用这种模式。DBB 模式符合所用项目的建设，同时设计与施工之间存在着一定的交接障碍，并且一旦出现问题，责任事故也无法划分明确，就会出现设计和施工两方面相互推卸责任的现象，从而破坏合作。

2.CM 模式

CM 模式也称为阶段建设法或快速推进法（Fast-Track）。可以实现设计与施工的全面整合，加快施工进度，缩短施工时间。CM 模式可以分为两种类型：代理类型和非代理类型。目前，我国许多海外建设项目都是采用 CM 模式管理，这也是国际上通用的手段。

3.EPC 模式

EPC 模式（Engineering-Procurement-Construction）是一种通用设计模式。从名称中可以看出，该模式指的是投标形式，可以作为承包商从设计到施工留给工程公司。承包商根据业主的要求负责项目的设计和实施，包括土木工程、机械施工、电气施工和其他综合建筑的施工项目。这种"关键"合同通常包括项目融资、土地购置、设计、施工、安装、装修和设备，承包商承担项目的所有建设。20 世纪 80 年代，美国首次在项目建设中通过了 EPC 模式并应用到工程内部，随后引发大范围的关注和业内青睐。

EPC 模式的主要优点是：可提高工作效率、降低承包商的风险，项目参与者清晰、明确。合同只是一种契约关系，项目建设的整个过程同意向承包商付款，业主组织有效竞争并避免各方在施工过程中的争议，推动协会的顺利建设。EPC 模式也存在不足之处：首先，设计方对于项目的实施存在一定的干预，提高了风险；其次，EPC 模式严重依赖于总承包商。

EPC 模式在实践中并未得到广泛应用，主要原因在于电力工程建设项目投资大、周期长。在建筑项目设计工作的情况下，不考虑工程量，仅仅估算 EPC 项目的总价格是不现实的。总的来说，在 EPC 项目的成本计算中，中国在国内压力水平下采用配额标准，以促进电能技术设计经济指标的提高。

4.PMC 模式

PMC 模式（Project Management Contracting）是一种行政模式，业主可以对外聘请独立而且专业负责任的项目管理公司，代表业主从事项目实施工作，其中包含了全项目计划、项目定义、项目招标、选型设计、采购、施工、承包商等广泛因素的管理。业主一方不参与设计、采购、施工和测试。PMC 模式在项目的整个过程中负责全部项目的管理协调和监理责任，直至项目完成，在大型项目的应用上如鱼得水。PMC 模式承包商通过自己的运营在很多方面拥有更多的项目建设和管理经验。

PMC 模式具有以下优势：首先，业主选择经营 PMC 模式的公司是本地和海外最著名的工程公司，它们经验丰富，可以有较大的把握处理发现的新的棘手问题；其次，该模式更加灵活，业主可以根据不同的施工阶段选择相应的 PMC 模式承包商，缩短施工周期。在这种模式中，PMC 和所有者只是合同雇佣关系，在施工期间，PMC 组织一个适合支持业主工作项目的组织，业主只需要保留少数人来管理项目，这大大减少了业主需要投入的精力，节约了成本。

第二节　我国工程建设项目管理模式的发展

一、发展背景

　　我国工程建设项目管理模式的发展过程大体上可分为四个阶段：第一阶段是中华人民共和国成立的初期阶段，这个阶段我国需要恢复和重建大量基础设施。因此，项目的建设主要是由施工单位的自建模型项目管理模式组织而来的，我国所有项目施工单位和设计单位都非常薄弱、分散，当时很难满足施工要求。项目本身，组织自己的设计师、建筑工人、购买建筑机械和材料。这样的模式具有时代性，在具体的时间节点能够发挥巨大的作用，但是不一定适合于所有的时间。

　　第二阶段是学习苏联。20世纪50~60年代，我国大力发展经济建设，在这个阶段，中国迫切需要提高工程规划、实施等具体的能力。因此，向苏联学习并建立了许多企业和设计院，建设单位的实施是三方制，包括甲、乙、丙三方。甲是指建设单位，由政府主管部门组织，乙、丙分别为设计单位和施工单位，由各自的管理部门负责管理，施工单位负责整个项目施工过程的具体管理，设计、生产和施工任务均由主管部门负责。项目执行中的许多技术和经济问题由政府出面进行商榷。然而随着经济的发展，由于行政秩序的限制，建设部门的独立性，设计组织、建筑公司的缺乏，这种模式的弊端逐渐显现，因此对项目工程设计存在一定的隐患。

第三阶段，从 1965 年到 1984 年，大多数都是基于工程订单模式，中国的许多建筑项目都是采用这种管理模式建造的。工程指挥模式干预性较强，不太能够满足市场经济的发展需要，容易出现质量不确定性和"建设马拉松"等不良的问题。

第四阶段是改革开放至今，引入国际公认的项目管理模式的学习阶段。这推动了中国建筑业管理体制和投资体制的时间改革，施工管理系统进入了一个新的发展阶段。

二、现代电力工程建设管理发展

我国国土面积广阔，不同的地区在探索电力行业发展过程中也取得了显著的成绩，尤其是改革开放以来我国的电力技术已经达到了世界一流水平，但是在电力工程管理以及建设质量控制方面还有可提升空间。质量控制是电力的关键环节，关系到电力工程后期的运营与保养，电力工程项目消耗资源与资金巨大，如果不能做好工程管理和质量控制，那么会给后期增加很多无形的费用，提升成本。我国电力市场建设处于起步阶段，因此更要注重电力工程质量的规范管理，针对当前存在的问题进行探讨，并提出具有针对性的优化应对策略，注重电力工程质量及其管理过程对我国的国民经济发展的重要促进作用，同时规范管理也是促进电力行业健康可持续性发展的重要手段。电力工程由于自身的高度等原因，其自重大、稳定性差，需要承担更多的上部荷载，所以也就需要考虑更多的不确定性因素，电力普遍建设周期较长，需要根据建设过程中出现的偏差进行不断调整，在电力材料和电力工艺上具有更高的要求，这样才能更好地保证电力的刚度和稳定性。所以电力工程建设过程中必须科学规划，注重建设流水节拍的合理性，杜绝窝工问题以及机械闲置问题，在保证质量的前提下节约成本。

三、传统电力工程项目管理模式存在的问题

对当前我国电力工程项目管理的现状分析可以发现，在实际的发展进程中，大部分领导和管理人员并没有认识到电力工程项目管理模式以及相关管理创新的重要性，所以现阶段电力工程项目管理模式创新的发展速度比较慢，在一定程度上严重影响着电力行业的进步和发展，而居民的生活质量则与电力行业的发展有着一定的联系。所以，必须提高对电力共享项目管理模式创新的重视，结合实际发展需求科学合理地管理电力工程项目进展。此外，为了进一步提高我国电力工程项目管理工作的实际水平，有关工作人员应该对原有的管理模式进行创新和调整，对我国电力工程项目管理的现状进行深入分析，然后有针对性地对其中存在的问题进行解决。

（一）工作人员观念落后

在最近几年的发展进程中，新能源逐渐受到人们的广泛欢迎，电力企业也不断地将自身日后的发展方向逐渐向着新能源方向进行转变，但是在此过程中传统的电力工程项目管理制度和有关管理工作人员并没有结合实际情况进行转变，这在一定程度上表明当前电力企业工程项目管理制度还存在着一

定的滞后性，会对工程项目的实际进度产生严重的负面影响，实际的施工质量无法达到使用要求，同时施工进度也会延长，而在项目建设过程中，由于没有可以参考的依据，所以在日后长时间的发展进程中就会形成恶性循环，企业的竞争力会受到严重的负面影响。此外，由于受到传统观念的约束和限制，部分管理工作人员无法接受新的管理理念，没有先进的投资观念，工程造价和预算工作的顺利进行也会受到一定的影响，还会降低整体的协调性，并进一步影响着电力工程施工进度以及整体施工质量，电力工程项目管理模式也就无法进行创新。

（二）部门之间沟通不够

在电力工程项目实际的实施过程中，其项目管理工作有着非常重要的作用，要想保证项目管理工作的有序进行，相关工作人员和不同管理部门之间必须加强沟通和合作力度，为项目管理工作的顺利进行提供保障。当前，电力工程项目管理工作涵盖的工作内容比较多，涉及的职能部门也非常多，不仅需要财务部门，还需要业务部门、质检部门等多个部门共同参与。在施工过程中，财务部门的主要工作内容就是拨付和回收有关资金，而业务部门的主要工作内容则是对项目施工中一些紧张的工作环节及时地进行处理；质检部门则需要对已经完成的电力工程项目的实际质量进行检查；项目部门的主要工作内容就是对项目的实际进度进行调查，并结合实际工程需求对设备进行调度。在项目施工过程中，不同的部门有着不同的工作内容，但是也有一定的交叉内容，不同职能部门之间相互协调配合进行各项工作，并做好有关工作的交接，既可以加强对电力工程项目进展的控制，还可以为项目的顺利进行提供保障。不同部门的工作人员也应该时刻对自身的工作内容进行明确，有一个良好的工作态度和责任意识，高效地完成自身的本职工作，不仅可以提高电力工程项目的质量，同时还可以增加企业在经济市场中的竞争力。

（三）资金和预算问题

当前电力工程项目管理工作的主要问题可以通过资金和预算两方面体现出来。在实际的项目管理工作中，预算工作的主要目的就是准确地评估项目实施过程中所有的成本开支；而资金则是相关项目管理部门对项目评估后下拨的实际资金。当前电力工程项目的决策以及项目施工的实际质量对资金和预算有着决定性作用。电力工程项目无论是在立项还是施工以及竣工的过程中都需要安排专门的单位或者是工作人员进行审核，其中审核工作的内容非常多，如果相关的监管工作质量无法得到保障，那么违规违法的操作现象就会大大增加，还会对工程项目的实际进度产生严重的负面影响。此外，在电力工程项目管理工作中，违规操作现象还影响着工作人员工作的积极性。所以在电力工程项目施工工程中，管理工作人员必须对项目的实际资金和预算进行严格的监督和检查，从而有效地提高整体工程质量和工作效率。

（四）工程项目管理重点不突出

电力工程项目普遍工程量大、涉及工程项目多，在开展电力工程项目管理的过程中，管理人员会将主要的管理精力放在控制工程质量上，容易忽略对项目管理的重视，从而导致工程项目管理重点不突出，工程项目管理很难及时、有效地落实下去，不利于电力工程项目的有序进行。

（五）工程项目管理职权过于集中

现阶段，随着我国电力工程项目的不断发展，电力企业积累了大量的工程项目管理经验，也从中吸取了很多的教训，推动着电力工程项目的发展与进步。但是，受到传统管理理念的影响，我国电力工程项目管理模式在实施的过程中依然面临着很多问题亟待解决，管理职权过于集中的问题是目前比较突出的问题之一，严重影响了电力工程项目管理的健康发展。管理职权集中制度导致部分企业的管理人员控制了工程资金的流动和应用，严格掌控了电力工程项目的实施，缺少相应的管理约束和工作监督，整体的管理效果无法达到预期。

（六）工程项目管理模式落后

我国电力工程项目引入先进管理模式的时间比较晚，并且在传统管理理念的影响下，管理工作很难有效地落实下去，管理模式相对落后，并且与电力工程项目的管理现状不符，无法发挥出项目管理的作用。在此背景下，部分企业对电力工程项目的管理模式重视程度降低，缺少科学的管理方案，容易导致管理中问题频发，失去对电力工程项目的整体把控。

（七）工程项目管理人才能力有限

电力工程项目管理的有效实施离不开管理人才的努力，而部分企业由于资金以及组织结构的问题，导致工程项目管理人才储备上存在很大的问题。

主要集中在后备人才少、管理人才素质参差不齐、管理经验少、业务能力差等方面，严重制约了电力工程项目的有效管理。

四、电力工程项目管理模式改进策略

为了提高电力工程项目管理效率，降低电厂的建设成本，优化产业结构，需要及时对传统的电力工程项目管理模式进行改革，现阶段在电力工程项目管理中常用的改进策略主要包括以下几个方面。

（一）创新电力工程项目管理理念

项目管理理念落后是制约电力工程项目管理发展的主要因素之一，为此，电力工程项目管理模式的改进也要考虑到管理理念创新方面的问题，在今后的电力工程项目管理工作中使用先进、科学的管理理念，拓宽管理渠道，丰富管理内容，以此提高管理效率与质量。电力企业在正常运行和发展的过程中，要充分认识到电力工程项目管理的重要性，并且在日常的管理工作中不断优化管理理念，创新管理方式，及时发现管理过程中出现的问题，并积极采取针对性措施进行应对，确保电力工程项目管理的有效性和先进性。另外，在制定电力工程项目管理制度的同时，也要将先进的管理理念融入进去，对现有的管理制度条款进行补充和改正，并结合当前的管理现状进行管理模式的全面改进，促进电力企业的稳定发展。

（二）推进格式化和程序化管理

格式化管理的依据是参与工程的各方主体的具体业务组成以及管理内

容，应用表格形式的管理方式，实现各个工程子项目的管理目标、管理业务标准化、格式化。格式化管理的最大特点是各工作单元的合理衔接，并且形成具体的管理表格，降低了重大工程技术管理的难度和风险。程序化管理是工程管理技术应用的核心，需要按照程序化的管理结构将管理事务落实到具体的部门和人员身上，形成工程建设的管理流程和工作标准。程序化管理的主体实施工程项目的建设、监理机构，参与建设的各方是程序化管理的实施主体，并且程序化管理需要保证管理流程的灵活性，及时地总结新工艺和新技术，将现代化科技成果应用到重大工程的管理当中，提高重大工程规范化管理效率。

（三）创新管理模式

在对原有的电力工程项目管理模式进行创新的过程中，有关工作人员还可以借鉴国外一些先进的企业管理模式，并结合自身的实际发展需求，对合理的电力工程项目管理模式进行探索，从而有效地提高自身管理工作的水平和质量。在使用新的项目管理模式过程中有可能会发生各种各样的问题，所以项目管理工作人员应该灵活应对其中存在的问题，并及时进行分析和解决，在后期工作过程中对存在的问题进行归纳。为了更好地帮助工作人员加深对电力工程项目管理模式的理解，要求各项管理工作根据制定的标准进行实际管理，从而可以提高管理工作的规范性，确保建设工程的顺利进行。

（四）加大工程项目管理信息化建设

电力工程项目的管理应该及时地注入现代信息技术，例如，建立信息处理软件与项目管理信息平台，将项目管理的复杂性过程智能化，提升项目管理水平，加强项目执行控制力度，及时地纳入信息化管理系统，充分结合项目管理需要，以管理表格与管理流程为依据，有效集成信息化管理，不断提高信息化管理系统的实效性。在当前时代背景下，现代化信息技术发展迅速，对于电力工程建设来说，通过利用现代化信息技术，能够构建一个信息化的安全管理平台，强化安全风险管理的效果，使其作用发挥最大化。借助现代化信息技术建立安全管理平台，主要包括安全风险管理、隐患排查与治理、应急管理、人员定位和管理以及远程教育培训这五个系统。

安全风险管理系统主要是根据网络监测系统反馈回来的数据，对施工中存在的风险和隐患进行分析，设定相应的预警处理机制，实现对整个建设过程的风险管理。隐患排查与治理系统主要是对整个建设工程的各环节、各阶段进行全面的安全隐患排查，将检测到的问题及时反馈给施工方，及时进行整改和调整，降低安全事故的发生概率。应急管理系统是根据可能存在的安全隐患所指定的紧急处理方案，能够在第一时间检测到存在的安全隐患，并进行有效的应对，提高工程建设的安全性。人员定位和管理系统则是针对施工现场，通过对施工现场进行全面且细致的监控，能够及时发现施工人员存在的不安全行为，并对其进行规范，以确保建筑施工作业的安全性。远程教育培训系统主要是通过网络信息平台，进行远程教学和培训，构建一个开放式的学习平台，供工作人员随时随地进行学习和提升，完善自身的专业知识和技术能力。

（五）使用滚动式开发模式，采取建管分离的管理方式

滚动式开发模式主要是应用于水电工程项目管理的一种管理模式，这种管理模式主要采用分段式管理，帮助工程项目管理团队进行分组，每个施工阶段都由不同的人负责管理工作，这样的管理模式有利于调动管理团队人员的工作积极性，发挥出每个管理人员的作用，从而提升施工进度，降低企业施工成本，实现项目管理的功能。

传统总承包商管理模式是电力工程项目中涉及的设备、服务等管理的费用全部交给一家工程公司进行管理，这家公司也成为电力工程项目的总承包商，并且对工程项目的全部环节行使管理责任，并承担工程管理的风险，工程全部竣工之后将管理责任移交给业主，管理权利的过于集中会导致工程管理中腐败现象的出现。现阶段采用的地域滚动开发模式，将多个地区的具有电力项目开发权的企业共同对整个地域的多个电力工程项目进行开发，实现地域范围内的工程建设资源的综合利用，并且形成良好的监督制约效果，对提高工程项目的管理水平发挥着积极的作用。

（六）大力发展 EPC、CM 项目管理模式

EPC 项目管理模式是目前在电力工程项目中应用最多的管理模式。电力工程企业在经过招标环节后，通过 EPC 的管理模式对整个工程项目的施工图纸设计、施工材料的采购、施工中的质量管理等一系列环节进行设计和把控，从而提高施工管理效率，降低施工成本，对工程施工的正常进行和企业的经济收益增长具有重要作用。应用 EPC 项目管理模式，可以做到精细化管

理，明确每一位管理者的责任和具体工作任务，从而提高项目工程管理质量，充分发挥施工人员的工作效率，对项目施工进度的加快具有非常大的影响。EPC项目管理模式是工程总承包企业按照合同约定，承担工程项目的设计、采购、施工、试运行服务等工作，并对承包工程的质量、安全、工期、造价全面负责的模式。这种管理模式最大的优点是其能够完善工程项目中的各项程序、机构、功能和技术，将资源、人才、经验等融合在管理服务体系中，为业主创造效益。

CM项目管理模式是业主委托专业的项目管理者，通过"边设计，边施工"的生产组织方式来展开的电力工程项目管理方式，CM项目管理模式一般情况下会与业主签订利润提成合同，其可以高效地协调设计与施工之间的利益矛盾。最为突出的优点是施工管理企业可以提前介入项目管理，保证施工的工期进度。

（七）使用国际通行的 PM 项目管理（Project Management）模式

传统分包委托是将电力工程项目分成诸多子项目，委托到多个承包商手中，由承包商对其承包的项目展开一体化的管理。所以在这种模式下，对各个子项目的承包商也提出了较高的管理要求。使用国际通行的PM项目管理模式将项目划分成为两个阶段，即前期阶段和实施阶段，可以实现对电力工程项目的全过程管理，以及对电力工程项目的全周期、全要素管理。

PM项目管理模式具有科学性与系统性，管理的核心就在于整个电力工程项目，然后进行项目的规划、调整和实施。PM项目管理可以最大化地实现施工人员在项目工程中的作用，发挥出每个人的能动性，提高工作效率和工作质量。同时，PM项目管理模式也可以对施工设备以及建筑材料进行管理，从而提高材料的使用率，提高设备的工作效率，减少原材料采购成本，节约能源，进而提高企业效益。在项目施工的准备阶段中，PM项目管理模式制定整个项目工程的风险管理方案以及融资方案，从而获得最大融资，为工程施工提供资金；通过对工程项目的详细了解后，规划出施工所用的材料、设备的采购清单，在保证质量的情况下尽可能减少成本支出。在工程施工阶段，PM项目管理模式会充分发挥施工企业管理中各个部门的能动性，加强施工中各个环节的管理，制定有效的管理手段，对施工技术、施工进度、施工质量、施工审核等进行控制，从而提高管理力度，对工程的有效开展具有重大作用。

（八）强化电力工程项目管理人才培养

电力工程项目管理人才整体素质的高低，直接影响到工程管理的质量以及电力工程项目的顺利建设。为此，电力企业在全面实施和落实电力工程项目管理工作的时候，要强化电力工程项目管理人才的培养，提高管理人才的整体素质，确保电力工程项目管理的高效开展。一方面，电力企业要不定期组织管理人员参加业务培训，将先进的管理理念和管理手段灌输给管理人员，提高管理人员的业务水平，进而在电力工程项目管理中发挥出更大的效用；另一方面，电力企业要为项目管理人员提供足够多的学习和交流机会，为管理人员争取一些到国内外知名的电力企业进修学习的机会，学习先进的管理模式以及积累更多的管理经验。另外，电力企业还应该结合现阶段的发展状况，建立完善的人才培养制度，从多种渠道去引进先进的优秀管理人才，并与对口专业学校建立长期的人才培养计划，确保企业人才的储备充足。

（九）制定完善的电力工程项目监理制度

对当前我国电力工程项目管理工作的实际发展现状进行分析可以了解到，电力企业并没有提高对监理工作的重视，相关的监理制度也存在着一定的问题，同时监理工作的效果也无法得到发挥。因此，在当前电力企业的工程项目管理过程中对监理制度进行完善是非常重要的。在实际项目施工管理中，监理部门的主要工作内容就是对工作人员以及实际施工质量和施工进度进行监督，在面对一些突发事件时可以灵活应对，从而加快工程建设的速度。与此同时，相关监理工作人员在工作过程中应该有一个认真的工作态度，提高自身的工作意识，在严格遵守有关标准的情况下进行各项监理工作，对其中存在的问题进行分析和解决。在有关监理人事制度方面，为了进一步强化整体监理工作效果以及工作人员工作的积极性，相关企业应该在提高工作人员薪资的同时给予年轻工作人员更多的机会。最后，企业还可以加强对员工的培训，提高工作人员的工作能力和职业素养，强化人才队伍建设，为电力工程项目管理模式的创新提供保障。

电力工程项目管理需要有严格的建立制度作为依托，保证电力工程项目管理内容的有效落实，同时显著提高管理效率与质量，推动电力工程项目有序进行。通常情况下，电力工程项目监理单位不会参与到具体项目的招标与设计工作中，而且对工程进度和投资等方面的关注也十分少，再加上监理工作人员的薪资待遇比较差，很难保证监理工作人员的工作积极性，从而使得电力工程项目管理难度加大，无法发挥出真正的管理效能。针对此类问题，电力工程项目管理方需要积极采纳其他行业的管理经验和模式，对现行的项目监理制度进行完善，让监理人员参与到工程项目的设计和投资规划等方面，在必要的情形下可以在三方管理模式下借鉴 PM 项目管理模式，通过监理制度完善和合同签订，对监理人员的权利和义务进行明确，适当地提高监理人员薪资待遇，以此提高电力工程项目监理的有效性，促进电力工程项目管理模式的有效改进，推动我国电力事业的快速发展。

（十）创新电力工程项目管理机制

当前创新电力工程项目管理机制的主要工作内容是对电力企业的内部结构进行优化。电力企业需要结合实际情况对项目计划进行合理安排，其中包括日计划、周计划、月计划以及年度计划等。其中日计划的主要工作内容是合理安排每日的工作内容，而周计划则需要在安排工作内容的基础上对其进行总结，在完成计划制订后，工作人员还需要及时将周计划方案录入到系统中，工作人员可以及时对相关工作安排进行查看。通过创新电力工程项目管理机制，可以增加不同部门之间交流合作的力度，并能够对工程项目的实际情况进行实时了解，还可以灵活应对项目施工过程中存在的各种问题，从而为电力工程项目的顺利进行提供保障。

第四章　电力公司工程项目管理系统需求分析

第一节　系统业务需求分析

一、系统总体目标

实现网络资源的充分管理，构建综合化电力管理工程机制，逐渐构建出部门牵头、总部协调指挥、其与各部门共同参与的管理机制。通过项目管理系统的构建，使得各部门形成联动机制，进而实现以下目标。

（1）本书需要实现电力公司日常电力工程项目的全过程管理，具体包括立项申请、项目审批、项目变更、项目招投标、项目施工过程管理、项目物资管理以及项目竣工验收管理等内容，记录详细的信息内容，完成对数据信息的实时化管理工作，充分共享信息数据。

（2）首先，需要实现系统文档资料数据管理，整理在公司运营的过程中、项目管理过程中产生的各类数据；其次，将这些多种多样的数据信息录入系统中，并对这些数据信息进行统计和处理；再次，通过对软件系统内部的数据进行分析实现数据资源共享，打破供电公司部门之间的信息壁垒；最后，加工处理后的数据要长期保存下来，为领导、项目管理人员和施工负责人的分析决策提供基础支撑和依据。

（3）能够满足用户需要，且要具备良好的可扩展性，适应各项业务流程变动的需要。界面应美观、简洁，性能稳定。另外，还要提供开放的体系结构，以尽可能地降低后期的维护成本。

二、系统总体功能需求分析

针对电力公司工程实施期间产生的各类信息和数据，结合公司管理需求，本书实现的电力公司工程项目管理系统的基本功能包含了项目基本信息数据管理、工程项目管理、项目物资管理、项目施工计划与进度管理、统计分析与报表输出管理以及系统管理六大部分，下面将对具体功能的详细内容进行阐述。

（一）项目基本信息数据管理

项目基本信息数据管理功能主要是管理工程项目基本信息、合同基本信息、中标供应商信息、施工物料信息、项目涉及的人员信息、财务信息和通知信息等基本信息。电力工程项目涉及的数据非常庞大，为了防止数据的重复录入性，系统需采用数据智能筛选技术进行预处理，并将重要数据进行覆盖提示和权限设置。项目基本信息管理功能主要针对电力工程项目有很多的纸质文档无法高效管理的问题而设计的。电网公司工作人员可提前将电力工程项目从立项开始涉及的纸质文档录入系统，然后电力工程项目每开展一项任务，就使用系统录入相应的数据信息，逐渐向无纸化流程靠近。数据信息收集完成后，电力工程项目管理人员可通过项目管理系统查看每一个项目的资料、工程进度、工程验收等内容，不用提交一大堆纸质资料，严重阻碍了电力部门的工作效率。

（二）工程项目管理

电力公司工程项目管理功能主要对电力工程项目从立项开始到验收结束的全过程进行管理，核心功能包括项目立项管理、项目安全、招标投标、验收以及工程结算的相关管理工作。项目立项管理主要是对电力工程项目进行调研和讨论，确定项目方案后编写可研报告和项目建议书上报上一级单位进行项目储备（即立项申请），经过层层审核才能确定。招投标管理功能可对招投标过程中产生的相关信息进行管理，比如申报、审批、公示和监督等。项目安全管理主要是对项目施工过程中的安全进行管理，必须保证项目在满足工期的条件下，保证项目不出现任何的电力安全问题。项目的结算管理大多是结算审核项目所用资金。项目的验收管理主要是对项目进行初验收、复验收和终验收，以保证电力工程顺利投运。

（三）项目物资管理

电力工程项目管理中，对于物资的管理是必不可少的，对项目物资进行科学合理且有效的管理不仅可以实现项目物资规范化、资源利用最大化，还能降低供电公司的运营成本，可谓两全其美。同时，严格、有计划地管控物资可为工程保质保量地完成奠定基础。

（四）项目施工计划与进度管理

项目的整体进度以及建设规划对于电力项目工程产生了重要的影响，施工规划的合理性以及科学水平，在很大程度上影响着项目能否顺利完成。在编制施工计划与进度时，项目管理人员应当结合项目当前实施情况、先后顺序以及与各单项工作之间的逻辑和配合关系，对资源进行整合，以确保在整个施工过程中，各项资源都能配置合理。还需要注意的是，在进行项目建设时禁止出现漏项过多现象，要从多个角度、全过程来考虑，确保计划涵盖各个环节，防止项目开展时出现其他异常情况，从而拖延工期。

（五）统计分析与报表输出管理

系统应实现总体统计功能，在项目开展过程中，会涉及大量费用信息，比如立项成本、实施费用、分包费用等，并且这些费用数据通常涉及的资金体量都比较大，而且费用类别多种多样，让数据统计工作的难度也随之加大，因而需要软件系统具备强劲的、响应能力快的数据信息统计分析功能，且要能够对软件系统产生的统计数据、统计信息进行分类和加工处理。软件系统的明细统计数据信息涵盖的指标内容包括项目立项成本、项目踏勘成本以及具体实施费用等。将统计数据与方案预定的数据进行对比，能够在第一时间了解施工过程中经费开销大的项目，此时需采取措施将经费控制在适宜的范围内。

（六）系统管理

若想要确保系统管理的功能可以顺利运行，就要关注系统的安全问题，在系统管理模块中具体包含了用户身份认证、数据备份、系统日志管理、信息化管理等。每个模块都有自己所负责的功能范围，比如系统信息管理模块所负责的是针对公司运营环节展开的管理工作，可执行的操作包含了修改、备份、信息输入等；除此之外，日志管理模块则是根据日志而设计的一个板块，通过该模块能够实现软件操作日志、系统运行日志等常见日志信息的统计分析、查漏补缺和数据查询等常规操作；软件的数据备份管理功能、软件的数据恢复管理模块主要功能是管理软件系统运行过程中所产生的相关信息，例如数据恢复以及数据信息备份功能；用户统一身份认证管理模块的主要功能是确认软件使用用户的角色配置情况和软件访问权限等内容。

三、系统业务需求分析

成熟化的系统设计往往是从系统的需求分析出发的，笔者在该系统中适用了"J2EE"架构进行系统设计，在此基础上分析和研究市级供电企业的项目管理需求，然后结合分析结果提出标准化模块，信息化的系统建设预案。电力工程项目管理系统可分为系统管理、工程项目管理、内部信息管理三个核心模块。系统模块结构如图4-1所示。

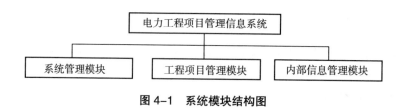

图 4-1 系统模块结构图

第二节　系统功能性需求分析

一、系统功能性需求分析

（一）系统管理功能需求分析

系统管理功能具体是管理用户的账号信息，在这之中具体包含了权限管理、密码管理、账户管理等，用户的信息管理则包含了所在机构、姓名等信息。除此之外，能够借助信息编辑模块中的相关操作实现对信息的预览、维护。除了以上功能，系统还包括用户组的相关操作，可以针对相同类型的用户展开统一化的批量管理工作，比如修改用户的权限、查找用户使用日志，除此之外也能够查看用户的删除、编辑、登录、注册等。日志管理模块主要是针对日志信息进行管理，具体涉及用户登录信息、功能模块访问等信息。通过这一模块，管理者可清楚地了解每天用户使用日志的相关信息；并且将上述信息内容进行全面化的加工归纳，提高用户的使用体验，最终使得系统的性能水平得到有效提升。管理员可通过该模块来完成日志归档，由于日志的信息量大，且涉及的用户多，操作复杂烦琐，故而必须由系统管理员完成，普通角色难以胜任该任务。之后，就可以结合实际需要来完成如下操作：查询、统计与分析等。

（二）基本信息管理功能需求分析

数据信息在电力工程管理系统运行中占据基础地位，基本信息管理功能包含的数据有项目信息、供应商、财务、用户、物流、施工、合同等信息数据，该模块就是需要对上述数据信息进行管理，包括信息新增、删除、修改和查询，满足系统使用用户对基础数据的使用要求。电力公司电力工程项目的种类繁多，涉及的部门众多，项目涉及的基础数据类型和数据量非常庞大，就需要建立基础数据编码标准，如此，各部门的工作人员就可对自身的业务进行有效管理。在这一过程中，需要注意这些基础数据应具有唯一性和公用性，另外，编码要能够实现不同形式的多编码操作，这就意味着在进行数据聚合分析时，可结合不同口径和分类方法来完成以上操作。

（三）项目管理功能需求分析

项目工程管理模块具体包含了项目的招标投标过程管理、项目合同管理、项目进度管理、项目验收管理和项目结算管理等子功能。项目合同管理功能是对签订的合同进行管理，不同的环节会产生不同类型的合同，如企业在分包项目时，产生分包合同，采购过程中产生采购合同等。需要指出的是，合同不同，管理流程不同。此方面的管理大致包含两个环节，分别是评审与汇总，前者主要是针对合同台账而设定的，后者则是针对新增的合同台账而设定。项目招投标管理则是针对公司内部的招投标标书的全过程管理，即完成对电力公司招标和投标过程的综合管理。前一个功能是针对招标推荐、招标定标内容等信息而设定的，具备的操作包括新增、删除、修改、审批等。后者则是针对标书内容设定，其涵盖的操作与前者大致相同。项目进度管理是对电力工程项目的施工进度、资金使用进度、物料存储进度以及采购进度等内容展开管理工作确保项目的顺利运行。项目的验收管理具体指的是针对项目展开过程性的验收工作，每个阶段对项目进行考评，后续电力施工过程对所提的问题进行改进，等待通过最终的项目验收。验收过程的主要信息包括验收的实施情况，历次验收中发现的问题，相关问题的整改方案以及整改效果等。

在项目设计和施工过程中，会涉及众多个环节和流程，因此管理的每个阶段都有相应的报表，收集到基本信息后，就可以在此基础上，结合项目进度完成验收。项目结算管理是对电力工程项目施工完成或中途因其他原因而中止退场，发包方与施工方结算工程款项的管理。结算流程由项目财务部发起，该部门将结算信息发送给工程部财务部审核，之后再交给高层负责人审核，比如公司财务部经理、总经济师，相关人员审核均通过后，发包方向施工方付清款项。

（四）项目物资管理功能需求分析

物资管理是电力工程项目管理中的重要环节。项目建设过程中，很多环节都需要使用物资，因此对物资的管理主要涉及采购、储备、使用等过程的管理。对各个环节中需要的物资进行科学管控，有利于促进电力公司生产发展，同时也可以实现物资利用率最大化，从而降低产品成本，加强资金周转，并最终提高企业的利润。这方面的管理是由项目管理部门、物资部门、项目负责人、物资仓储管理员及物资供货商等组成供应链管理，包括了材料的生产、合同签订、中间成品的运输以及到货现场验收等各个环节。

（五）施工计划与进度管理功能需求分析

施工计划与进度管理功能针对的是具体电力施工项目，每个电力项目要有对应的工作和工作计划，针对所涉及的班组、管理员要进行合理的统筹协调，确保其安全，要对各个部门的工作计划做科学地统筹。基于此，可将工作安排分为班组、管理人员的工作安排。项目施工过程中，以上人员是主要的参与者，因此要安排合理，以方便上级了解下级的工作情况，这些人员要按时、按要求填写并上交工作安排表。基于以上分析，将施工计划与进度管理功能划分为班组及管理员的工作安排、加班申请等。

（六）统计分析与报表输出管理功能需求分析

电力工程项目建设与管理过程中涉及的信息比较多，主要包括工程量、任务清单、资金预算、物资清单等情况进行跟踪、查询和统计。项目管理系统需要实时记录各个数据信息的内容，同时展开分析研究工作，所以在处理保存有关数据信息的过程中可以使用分析统计以及报表管理功能，同时把处理好的数据信息通过合理的展现形式给到用户。同时，在电力工程项目管理系统中需要对综合数据信息进行统计分析，并生成相应的分析报表。统计报表的作用和数据仓库十分相似，这个功能可以帮助用户查找有关信息，同时依照自身的需求对数据信息进行导入导出。

二、主要功能模块管理

（一）系统管理模块

要想实现常态化运行，首先就需要其基础管理模块运行正常。在本设计中模块内共镶嵌有四个模块，即信息管理、系统日志、数据库管理、认证管理。各个模块之间的功能具有相对差异性。系统信息管理模块主要功能就是对信息进行集中化整合处理，如信息删除、修改、添加、录入和备份等操作。系统日志模块的主要功能是统计和查询系统日志。针对系统身份认证模块而言，主要是对各个用户的权限进行明确，以避免非法访问。在数据库管理模块，对数据信息进行恢复、备份等管理操作。认证管理模块是指在系统或软件中实现和管理用户身份认证的功能模块。图4-2详细展示了本系统的管理模块，具体如下：

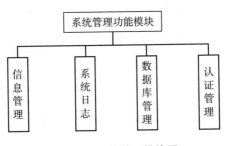

图4-2　系统管理模块图

日志管理是计算机系统所必备的模块，其主要功能是记录使用者的操作指令情况。记录内容包括访问地址、访问内容、访问时间、访问频次等。同时要将记录数据在指定的系统位置进行保存。操作日志将指令如实记录下来，当系统遭受攻击或者出现其他问题时，能够通过操作日志来明确问题的出处，进而采取针对性的措施进行处理，需要引起注意的是，日志系统管理中的内容不能执行删除、修改操作，只能够由特定的管理员进行导出。

1. 用户管理

对供电公司电力工程项目管理系统来说，其用户主要就是公司进行项目管理的工作人员。在工作人员进行系统操作过程中，首先要输入基础信息然后才能在系统上选择身份进行创建，只有执行身份创建的工作人员才有资格对系统进行转换，同时为了保证系统日志不会出现遗漏，用户身份一旦创建，则不能执行删除操作，只能通过撤销身份来删除其痕迹。此举的目的主要保证对每个系统访问者进行精准识别与锁定。而在用户需要对密码进行更改时，只要在用户管理的功能页面进行更改即可。

2. 日志管理

日志管理模块的主要作用是如实记录操作者的操作错误、访问、登录、浏览记录等资料，在此基础上通过系统对用户使用及安全情况做出分析和判断，从而有效监管用户对操作系统的使用，并且可以通过日志查看并修正以助力系统安全性能提升，并且管理员需要按日执行日志归档操作，也就是对每天产生的大量日志进行整理。这一操作只能由系统管理员来进行，普通用户并不具备这一权限，归档完日志之后，管理员有权查询、分析、统计日志。

（二）统一身份认证管理模块

统一身份认证管理模块是操作系统的主要组成之一，用户服务和用户身份认证是统一身份认证模块的两大主要功能，管理者可以通过该模块对用户身份及权限进行集中管理。通过该认证模块，可以将用户的身份数据集中存放在数据库的指定模块，并通过中央授权的方法来实现对用户的精准识别，以及对用户访问权限的选择。该模块还有规范用户认证方式的作用，例如，在本研究中的CAS平台中。用户登录平台之后，如果想要在模块中进行切换，只需要点击目标模块的入口，系统会结合认证的用户信息对用户访问权限进行分析和判断，如果用户具备访问权限，系统则会准许用户进入该模块，反之，系统则会拒绝，从而能够避免重复登录的情况出现。通过该身份认证模块，可以有效提升客户对系统的访问效率，同时能提高系统的整体安全系数。该模块细分为统一用户身份管理、统一用户认证管理、中心认证服务、访问控制管理、统一授权管理。

（三）项目管理模块

对电力项目管理系统来说，项目管理模块就是其核心模块。在该模块中可对项目变电、线路、施工物品进行规范化和集中化管理，并且就项目审批和施工方案措施开展统一化管理，该模块细分为项目管理、变电/线路工程管理、施工安全物品管理和方案措施审批管理。在该模块下，进行管理的数据是项目工程的内部信息，在该模块中能够对信息管理系统的一周报表进行检索查询，并在模块内对部门、职位、员工等进行同步管理。

项目管理模块的核心功能是规划和调整实践项目，并通过系统如实进行记录，与此同时，用户还可以基于资金量来提出针对性的项目方案，项目管理模块主要涉及项目规划、项目计划、项目储备库、临时储备库和调整项目库等板块。其中，计划项目中并没有调整项目。

1. 方案措施审批管理模块

方案措施审批管理模块主要包含两大板块内容，即审批人员管理和审批方案管理，这两者都属于项目管理的内容。通常来讲，一个项目往往会涉及多种方案实施措施，具体的措施审批流程为：首先由报审批工作员将具体的措施方案录入系统，再由审核人员进行审批，最终通过具备相关权限的领导进行决定。在上述审批管理过程中，审批人员需要结合审批的进行来修改系统审批状态，如退回、未完结、待审和修改等，也就是说审批工作之间的关系实际上是上下层的关系。一个方案措施被报审批人员提出后，先由审核人员进行审核，并在审核结束以后将通过的方案提交给具有审批权限的人员，通过这些人员来决定最终通过情况。与此同时，该模块还会识别和控制方案审批参与人员，相关工作人员需要对个人在公司的基础信息进行同步系统录入，如果录入包含多名人员，则通过空格号进行隔开。

2. 变电/线路工程管理模块

变电/线路工程管理模块的主要功能是全过程管理变电/线路工程项目，该模块主要包含四大板块，分别如下：一是项目前期资料管理，具体包含审批、环测、路条等手续的管理；二是合同管理；三是施工管理；四是项目竣工管理。基于该模块能够开展项目的全流程分析和管理，并实时考察该工程的进度。

3. 施工安全物品管理模块

施工安全物品管理模块的主要作用是管理项目实施过程中相关的施工部件、器材、工地安全物品和现场施工人员的防护用品，同时也包括了工地现场的保护设施设备，例如安全围栏、攀登自锁器等。该模块涉及内容主要有以下几点：物品的入库出库、整理及分类、领用及归还等。该环节管理涉及安全用品的出入籍使用，并以此来构建系统，除此之外，还需要对物品信息进行分类归档，通过系统登记出入的物品情况。

4. 部门／职位管理模块

在部门／职位管理模块上，公司领导层能够对多个部门实现同步管理。在该模块中，一是能够对部门名称、职员、工作员、地址、责任人等信息执行添加删除，修改查询等工作；二是在该模块下可以实现对部门名称、工作员、职员的相关内容管理（增添删改操作）。

5. 周报表管理模块

在工程项目管理系统中，通过建立周报表能够为领导决策提供有效参考，同时通过周报表也能对各部分工作情况进行进度考察、考核、跟进。在该模块下服务器首先是对相关的数据进行分析及整理，然后通过图表的形式直观地展示出来。在突出重点内容后直接汇报给公司的领导层，为公司领导决策做出具体化依据。可以针对报表突出的重点问题直接通过系统管理平台给出相应的答复，并让相关部门跟进后续工作。该功能模块将企业收益作为重点内容进行突出承包，同时对收入还提供了查询的功能模块。另外，该功能是直接对数据进行引入并整理的，所以其反映的数据具有相对的准确性，同时通过报表的形式进行动态展示，具有实时效果。该定制报表的功能实现建立在对大量基础数据的整理上，并提供了多样化的管理方式，例如汇总和上报上下级的交换意见、录入报表等。

6. 员工管理模块

员工管理模块的主要内容是管理员工的基本信息，如姓名、性别、证件、健康情况、保险和部门职位等，其主要功能是录入、修改员工的相关信息，并提供员工信息的查询功能，可以通过该模块对员工的基本信息进行查询，同时还能查询员工是否参与过某些特定的培训等。

7. 站内信管理模块

在站内信管理模块下，系统内的员工之间能实现互相间的信息交流。包括用户在发送电子邮件时，直接可以选择站内信息进行发送，在发送的过程中也可以添加多个收件人。在添加多个收件人的情况下，可以在完成文件上传后选择一键多发。

第三节　系统非功能性需求分析

在系统中，功能性需求分析占据了非常重要的地位，相比于功能性要求，人们总是会忽略非功能性需求。然而，非功能性需求也会决定最终系统的质量水平，需要展开详细的分析工作，确保其可以实现用户的使用需要。除了要包含软件系统常用的功能部分，还需要满足使用者的其他需求，例如可维护性、可扩展性、容错性、安全性、可靠性、适应性等。如果使用者的要求发生改变，那么就必须要对系统进行调整或修改，这便离不开待调整的部分，所以开发软件之前就要想到这些问题，采用适应性强的框架系统避免额外的损失，增强适应性，当前比较流行的设计模式包括面向对象等。

一、性能需求分析

在进行系统设计之初，就要明确一个业绩目标，并根据用户性能需求进行具体的系统设计，面向对象设计应当充分把握客户的需求，在此基础上确定合适的系统性能指标，然后明确相应的设计方法和测试方案。一般来说，负载过大，缓存失效，带宽不足，数据查询低下，加载语言化，未连接数据库等都会影响到系统的性能。系统可用性主要指的是系统正常运行和功能发挥的比例关系，实际中可以通过系统失效时间和预定时间的比值来进行判断。在影响系统可用性的因素之中，主要有结构性问题、受第三方攻击、负载不足等方面。单点故障、安全入侵、资源死锁、网络故障、频繁升级、系统更新等都会最终影响到系统的可用性。

在进行设计的过程中，我们可以通过选用合适的备份策略来避免出现单点故障问题。并试用系统的热拔插，选用适合有效的一次管理策略，结合易断网络采取适当的设计方法。

（一）响应能力

响应能力指标是衡量软件执行命令的快慢。例如，软件用户通过软件操作一个功能后，软件完成对应功能的信息记录时间，本书给定的软件功能和界面的响应时间应低于5秒。

（二）处理能力

处理能力指标是衡量软件处理多个用户同时使用的能力。本书研发的软件系统面向的用户是电网公司工作人员，就要求软件系统具备多个用户同时在线使用软件的能力，本软件的软件用户至少满足500个用户同时操作，而并发用户要求不小于200个。

二、可扩展性需求分析

本书设计的软件不单纯是为了几个电力工程项目管理服务的，工程项目管理信息化的建设要以先进的管理技术和信息化技术为前提，要以电网公司的整体和远期规划为依据，进而保证在不同单位的电力工程项目管理工作中都能够得到应用和实践。然而，在实际工程项目管理过程中，不同电网公司的工程项目，其整体的业务流程也存在差异，进而导致现有的软硬件功能因缺失无法满足电网公司的实际使用需求。因此，软件需要为将来的功能扩展留有接口，软件开发人员根据未来业务拓展进行简单的操作步骤即可实现功能的扩展。

三、安全可行性

对于电网公司的信息管理系统来说，软件的安全性是重点，一方面是保障软件可靠和稳定运行，另一方面也能够保证电网公司数据不被外泄。在针对系统展开设计工作时，通常会使用应用、原始这两类数据库。这是由于在上述操作下系统中的原始资料不会被随意篡改。软件系统平台设置了各个功能所对应的角色，所以使用管理员角色的账户可以采取权限管理的相关操作，在查看数据信息的过程中，验证用户的信息真实性，接着对于客户类别进行划分，除此之外还要开发相适应的加密方式，针对某些意义重大的活动进行流程记录。所以，不难看出，国家的电网安全在各种情况下都需要被有效保证。

（一）体系的响应需求

参考同类型企业的业务管理办法，大部分企业都采用了总体管理的模式，但这种模式存在一定的缺陷，用户指令在操作的过程中，系统通常会受到网络传输效率的影响，为了有效解决这一问题，本项目结合系统响应时间来完善相应的性能配置。

（二）管理体系安全性

（1）确保系统信息处于安全状态。在信息库因为各种原因而遭受损害时，管理系统能实现自我修复。此时系统不能修复的信息，仅包括正在录入的信息。

（2）系统信息只有系统管理员具有查看权限。

（三）可靠程度

（1）减少用户错误操作，提高系统可靠性。

（2）及时审核信息，保障其完整性。

（3）当出现信息损坏时，系统具备自我恢复功能。

（四）操作方便度

（1）管理系统装载有提示音，通过通俗易懂的提示音，让用户清楚应该如何操作每个页面。

（2）在显眼位置设定重要标识，让用户能直观地对重点数据进行直观了解。

（3）在数据输入方面能使用选项的就不用输入框，避免造成数据冗杂。在该项目管理系统下，在输入数据时可以通过多种形式来达成。它包含了信息的直接录入、语音的录入、文本的扫描等。还在系统中融入了关键字输入法。在用户录入关键字之后，系统可以快速匹配用户需要的数据，由用户进行独立选择。确保企业和项目管理系统的联系，按照国际规定、国家条例等适用的网络通信条例来确保系统之间的关联性。

一个优质的系统离不开平台的支撑，同时还需要充分结合现有的信息化系统，针对系统升级改造项目而言，最为重要的是系统兼容性，如果无法有效解决新老系统的兼容性，就会影响到系统的可用性。而系统未来能够取得怎样的发展与其拓展性之间是离不开的。只有系统能够进行灵活的伸缩调整，才能在市场上有更多的适应力，才能在需要有新的要求时及时进行补充。对于任意一个软件系统来说，都是需要不断的有效扩充来不断优化其系统，并追求更高性价比。此外对现有资源和硬件的有效应用也是减少成本、提高系统响应度的一种有效方法。保证系统的可用性、实用性及可靠性的前提下，还应当在系统设定过程中对前沿科技及设备进行有效运用。在技术的选择上，尽量选用一些国内外尖端的通信及信息技术。同时要使用软硬件相结合的方式，充分利用其现有资源。选择更好的技术及软硬件结构来优化系统的整体性能。因为公司内部的办公软件通常含有大量的商业机密及客户的个人信息，所以对其安全性的保护是十分重要的。另外，这些信息泄露导致的后果往往是无法预计的，而且损失也无法挽回，所以我们需要保持数据在传输储存过程中的高度安全性及保密性特征。

在系统设计中，可以通过对用户的访问权限进行设定，使用加密技术，使用安全跟踪技术等全面识别使用者。系统可维护是决定系统能否常态化运行的基础。从理论上来说，任何系统都会出现运行问题，所以系统存在隐患和故障是不可避免的。我们只有通过系统的良好维护才能有效避免一些可能遭受的预期损失。无论何时，用户都是决定一切的关键，所以我们进行计算机的应用系统设计时，必须考虑到人的因素。同时要以企业的业务增长为出发点进行系统设计，以满足企业的营利性需求。由于系统的设计本身就是为了让工作更加快捷高效，所以应当在设计过程中充分利用现有的软硬件技术来实现办公资源的共享以及办公效率的提升。开发系统要最终取得市场上的成功，就必须要求其系统具有可移植的性质。

第五章　电力工程项目管理模式设计

第一节　电力工程项目管理框架

一、电力工程项目管理结构

电力工程项目管理结构分为三层，即战略层、管理层和执行层，管理内容如图 5-1 所示。

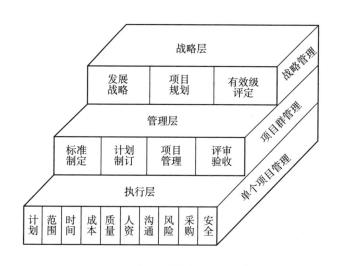

图 5-1　电力工程项目管理层次

（一）战略层

战略层是最重要的规划层级，总体中最重要的部分。

（二）管理层

管理层要做好统筹安排，根据实际的要求，制订具体的计划，要有比较丰富的项目经验，具有一定的解决突发问题的能力。

（三）执行层

执行层从概念阶段到运营阶段，开展日常项目管理工作。

二、电力工程项目管理组成

实际项目中，往往战略规划相对完整，但是，由于施工单位过度参与个别项目管理，管理阵容不太好控制，可以寻求专业的企业公司来解决实际问题，做好规划。第一，做好规划、工程造价，对项目的质量负责，防止短期行为。第二，业主明确不同合作单位的分工。第三，合理资源配置，提高工作效率。具体的管理划分如图 5-2 所示。

将管理职能明确划分有以下优点。

（1）符合电力项目特点，特别是在电网项目中，通常进行一般设计，专业水平比较强。

（2）有利于实现集中的、专业化的建设管理项目管理，可以明确项目部门，注重绩效评估，集中精力管理目标事项。

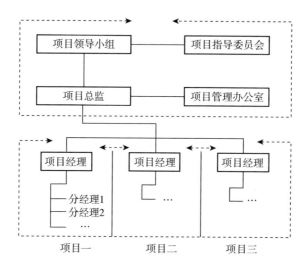

图 5-2 电力工程项目管理划分

（3）充分利用广泛的电工工资管理实践来改善管理。

（4）扩展自己的项目管理和控制经验，并了解项目组控制，以使管理所有者更有效。

第二节 电力工程项目管理模式创新

一、PM 模式的优越性

电力工程项目具有很强的投资功能和较长的施工期，因此，甲乙双方的信息需要尽量地对等，双方都应该对项目本身和对方有一定的了解。因此，项目管理逐渐从业主自己的管理转移到委托咨询机构的管理模式。该模式符合这些发展趋势，并满足业主的期望，试图平衡市场交易信息和专业管理。

（一）有利于实现工程建设项目的全过程管理

监控是渐进式的，因此判断监控公司难以管理项目的整个过程，如果采用该模式，则可以对整体有一个很好的了解。

（二）有利于实现工程项目的全要素管理

PM 模式实现管理的全部化、自动化、合理化、简单化、模块化。

（三）有助于形成有效的激励和约束机制

坚持市场占一定的地位，发挥市场地位，如同我国的经济发展一样，坚持社会主义市场化经济体制改革。

二、PM 模式可行性分析

（一）我国工程咨询企业现状

我国的工程咨询公司主要包括规划和设计发电厂、发电公司、综合工程咨询公司和工程监控公司。他们存在理论与实践之间的差距较大的弊端，因此往往不是按照原设计来构建的，这种设计模式，可能会导致最初设计的工程造价存在一定的问题，需要不断改进。

（二）PM 模式可行性

自 1984 年在云南鲁布格电站引入国外先进的管理模式和管理经验后，中国的电力工程建设项目以其作为参考并取得了显著地进展，培养了大量经验丰富的项目经理。此外，这些业主的项目经理一般都是不同的建设单位和设计单位，这对于行业来说是伟大的行为，具有高瞻远瞩。

三、PM 模式的实施

在电力工程管理的全过程中，中国仍然缺乏工程项目管理企业的主权，所以应该组建相应的 PM 企业来实行 PM 模式。这就需要采取以下几个方面的措施。

1. 引进相关行业的高素质人才

PM 企业应聘请具有卓越专业能力和丰富管理经验的劳动力，来自设计院、建筑单位、咨询公司和其他单位，具有工程、管理和法律方面的资格能力。并设置匹配专业人才队伍建设和构成，有必要鼓励助手完成具体任务和项目。

2. 建立 PM 项目的矩阵结构

包括地质、水力、建筑、施工、能源技术安装中涉及的设备和其他专业设备领域，PM 企业管理对象是一次性工程项目，因此公司的组织和管理模式必须满足项目管理的要求。矩阵组织加强水平连接和充分利用专业设备和员工。此外，这些组织结构形式具有较高的运动性，鼓励各类专业人员相互帮助、相互促进、相辅相成。因此，大型企业可以使用矩阵系统，大型企业可以按区域实施企业对企业系统，矩阵系统仍然适用于该地区。

制定 PM 运行指标，在安全、质量、成本、技术方面科学合理设置目标，规划项目，做到心中有数。

（一）PM 企业的组建形式

电力咨询公司实施 PM 项目，实施电力项目管理建议具有 EPC 经验的电力设计院分析每个建设部门的优势，成立一家真正实现"建筑、管理真正分离"的 PM 公司。由有 EPC 经验的电力设计院组建 PM 企业有如下优点：

避免了项目公司对 PM 公司的过度干扰，有利于 PM 公司独立实施项目建设和管理。

通过代表代理签订合同，监督和评估 PM 公司的工作也是有用的，可以避免彼此联系。

设计院员工通过多个项目建设，项目管理人员培养，为后续能源项目建设奠定坚实基础，具有利于建设和管理经验积累的质量优势。

（二）项目管理模式的实施

甲乙丙三方签订了三方协议，共同完成工作，团结一致，PM 公司负责代表项目公司从项目规划到项目开始的具体实施过程。项目管理模式的实施如图 5-3 所示。

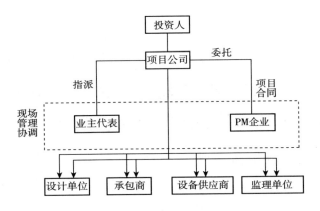

图 5-3 PM 项目管理模式的实施

四、电力工程项目全寿命期信息管理

在工程项目全寿命期的不同工程参加者和不同工程阶段之间，由于工作、沟通、协调、检查和学习等需要会产生大量的信息，并在其中不断传递。前一阶段的大量信息会被后一阶段连续地使用，后一阶段的大量信息会被新建工程借鉴和学习等。加上工程的信息具有数量庞大、类型复杂、来源广泛、存储分散、应用环境复杂、始终处于动态变化中等特征，工程全寿命期管理的效率和有效性就取决于其信息在全寿命期的收集、加工、传输、储存、维护和使用以及信息系统的有效性。

（一）工程全寿命期信息管理概述

1. 工程项目全寿命期管理

工程项目全寿命期是指从项目构思、可行性研究、勘察设计、施工、运行，直至被废弃或再生，是对项目各个阶段的有机集成。工程项目全寿命期管理是一种先进的项目管理思想，其以工程全过程管理为核心，以流程优化为重点，以信息化为手段，运用多学科知识，采用综合集成方法，重视投资成本、效益分析与评价，运用工程经济学、数学模型方法，实现工程项目LCC最少，达到项目全寿命周期的整体最优管理目标。其创新在于变以项目为核心的单项目管理为以组织为核心的多项目管理的理念；变项目离散管理为集成化管理；变项目成本控制为价值管理。

2. 工程全寿命期信息管理

（1）工程全寿命期信息。基于工程全寿命期的规划、设计、采购、施工、运行、维护、拆除等各环节，以及业主、设计院、承包商、监理、运营商等之间产生并被加工或处理成特定形式的数据。如文字、数字、图像、工程现场录像等。

（2）工程全寿命期信息管理。工程全寿命期信息管理是指对信息的工程全寿命期的各环节、各参与者之间所产生的信息数据组织收集、加工整理、科学储存、有效传递与应用等一系列工作的总称。

（3）建设工程全寿命期信息管理原则：

①标准化原则；

②有效性原则；

③定量化原则；

④时效性原则；

⑤高效处理原则；

⑥可预见原则；

⑦系统性原则。

（二）传统工程信息管理方式、特点及问题

自 20 世纪 70 年代以来，国内外对工程管理信息系统做了大量的研究与开发，大大提高了工程管理的工作效率。其主要方式和特点：传统工程信息通常按照组织结构形式，在组织成员间进行传输。如承包商向项目管理单位

或业主提交信息（报告），而这些报告是经过"浓缩"的。这种信息交流方式是一种点对点的交流方式，总体上形成网状信息流通。

1. **传统工程信息管理特点**

（1）按照工作流程、管理流程、合同和管理规则进行流通。

（2）信息分散、重复存储，维护工作量大，使用很不方便。

（3）信息以纸质媒介为主（如书面通知、变更指令等）。

（4）管理信息系统和计算机应用方面的研究和开发。

立足某个单位，解决某个职能管理问题，各管理职能之间的信息交流不多。

2. **传统工程信息管理存在的问题**

（1）工程中的独立信息中心太多，会导致信息堵塞和"信息孤岛"现象，使信息难以共享。

（2）信息的各自重复存储和管理，使修改和维护困难，造成信息不一致和冗余度高。

（3）信息沟通手段和方式落后，信息传输时间延迟，对信息缺乏有效的控制。

（4）由于工程组织和信息技术的原因，人们常常会隐藏一些信息，加剧了信息不对称。

（5）工程寿命期阶段界面上信息的衰竭。

由此可见，传统工程信息管理会造成大量的信息资源浪费，使许多信息收集工作重复，信息加工、信息存储和信息维护工作量加大，无法形成信息资源在工程参加者之间共享，造成工程中"信息孤岛"现象和信息不对称现象，无法构造工程全寿命期信息体系，不利于新工程的学习、决策和良性的反馈。

（三）工程全寿命期信息管理目标

工程全寿命期信息管理是在工程全寿命期中对相关信息资源的开发和利用，实现工程全寿命期信息一体化。主要目标是促进工程全寿命期管理水平的提高，提高决策效率和组织效率，提升工程的价值。具体包括以下几点：实现整个工程寿命期不同阶段之间信息的无障碍沟通，形成一体化的全寿命期信息体系，以方便对工程进行动态跟踪、诊断和决策；实现工程组织之间，特别是业主、设计单位、承包商和运行单位之间，以及与社会各方面的信息共享，弥合组织之间的鸿沟，消除"信息孤岛"现象，使整个工程的信息形成一个系统整体，实现基础信息的统一管理和统一维护，保证工程基础信息的正确性和一致性；达到工程管理组织中的不同职能管理部门之间信息的无障碍沟通和信息共享，有利于工程全寿命期过程中各种专业和管理职能间的连续。

制定统一的信息系统技术标准和数据库接口标准，制定信息共享的有关规定，进行统一的信息系统的建设和资源开发，形成集成化的工程全寿命期信息系统。工程全寿命期信息管理有利于整个工程领域信息管理的一体化，实现工程全寿命期的健康诊断及运行维护监测。

（四）工程全寿命期信息管理系统

工程全寿命期信息管理系统的构建是基于规避传统工程项目信息管理系统不足和工程全寿命期信息管理目标的实现，通过全过程、全方位集成而形成的系统。工程全寿命期组织成员在线协同工作平台的构建基于 Internet 的基本技术平台，采用 PIP、BIM 等新技术，实现工程全寿命期参加者各方在线协同作业。可以在任意一点掌控全局，监控工程的建设和运行，使各种信息数据能共享使用，减少"信息孤岛"现象。工程全寿命期信息管理系统将规划、设计、采购、施工、运行、维护、拆除等各环节施行集成，即勘察阶段管理模块；设计阶段管理模块；计划阶段管理模块；招投标阶段管理模块；施工阶段管理模块；验收阶段管理模块；运营阶段管理模块和工程健康诊断管理模块。与相关成熟软件之间的集成工程全寿命期信息管理系统可以将工程全寿命期信息库和企业管理信息系统、办公室自动化系统、全球定位系统（GlobalPositionSystem，GPS）、地理信息系统（GeographicInformationSystem，GIS）等综合集成。

1. 工程信息库的作用

（1）实现信息在工程全寿命期的动态更替。工程信息库的建立应将工程各个阶段的相关信息、参加者各方之间逐渐积累起来的工程信息都记录到工程信息库中，保持较高程度的透明性和可操作性，同时要求参加者各方在统一组织的数据库系统中对工程全寿命期信息进行动态补充、完善和变更。

（2）形成集成化的信息管理系统。工程信息库的建立将现存的工程决策、建设、运行、维护管理和健康管理中各种软件加以集成，形成统一的集成化信息管理系统。

（3）有利于工程各环节信息管理的一体化工程。信息库建设可以促进工程各环节全寿命期管理，有利于工程信息管理的一体化建设，实现工程全寿命期信息管理目标。

（4）对于某个工程领域，应制定统一的信息系统技术标准和数据库接口标准，制定信息共享的有关规定，指导各政府管理部门和相关企业信息系统的建设和资源开发，形成集成化的数字工程系统。

（5）工程健康诊断的指导作用。工程信息库为工程维修部门对工程进行健康诊断提供了重要的历史数据，避免了重复检查或延误维修，使工程发生的问题可以得到及时准确的解决，并指导工程健康诊断，同时还减少了工程全寿命期的运行费用。

（6）新建工程的借鉴作用。在一个新工程策划前，可以对类似工程信息库的数据进行研究，借鉴此类工程容易发生问题的教训，加强设计和计划，提出避免相同问题发生的措施，做到防患于未然。

（7）可以有效避免工程类似问题的发生。将工程的各个问题产生的征兆、状态、原因及解决措施等保存在工程信息库中，一是对于类似的工程在进行诊断时候可以作为参考使用；二是在类似工程发生类似问题时，可以及时查找相关的数据资料来制定相应的预防措施，避免问题的恶化；三是在编写或修改维修规程、审查维修质量、汇编员工培训材料和提供司法审判证据时可以参考工程信息库。

2. 工程全寿命期信息库的建立原则

工程全寿命期信息是一个宽泛的概念，它是在工程的决策、建设、运行、维护、健康诊断等过程中产生、需要处理的，以及便于使用的各种信息。

工程全寿命期信息库的建立首先应符合如下原则：

（1）整体信息的结构化。即在描述信息时不仅要描述信息本身，还要描述所有信息之间的系统联系。

（2）信息共享性高。共享性高是指信息可以被多个用户同时使用，并能在工程全寿命期各阶段使用，还可以被其他新工程借鉴等。

（3）信息冗余度低。冗余度是指同一信息被重复存储的程度，结构化可以使信息的冗余度降到最低。信息共享性高和信息冗余度低还能避免信息之间的不相容和不一致。

3. 工程全寿命期信息库的内容

工程全寿命期信息涵盖了决策、建设和运行等过程，涉及技术、经济、管理、法律等各方面的各种信息，其要求能够全面反映工程的历史、现状、走势以及健康状况等。

（1）工程基本信息。

①工程基本形象信息，如工程位置、工程名称、工程面积、机组大小、输电电压等级、变电站容量、建设时间等。

②原场地信息，如水文地质资料、地形图、生态信息等。

③环境信息主要包括影响工程建设与运行的环境方面的信息。如当地气

温、气压、地形、地貌、周围基础设施，动植物生长情况，台风、暴雨、冻雨、泥石流、山体滑坡、地震、海啸等自然灾害发生频率等。

④决策信息主要包括工程可信性研究信息、工程申报材料信息、工程路条及批文信息、工程施工、设备、材料等招标信息、银行信贷信息等。

（2）工程的建筑信息。

①设计信息主要包括设计技术标准、规范、方案特征、图纸、设计年限、设计参数、环境参数抗灾能力、预埋构件、隐蔽结构等，以及在施工过程中的设计变更等信息。

②施工信息主要包括施工组织设计、施工方案、施工技术、施工措施、材料与设备更换、技术（质量）问题产生的原因及处理、安全事故产生的原因及处理、在施工过程中遇到特殊情况或其他原因造成的施工方案与技术变更等信息。

③材料和设备信息主要包括工程所用材料规格、型号、力学与物理性能、试验参数、材料规范、设备的型号、规格、技术参数、寿命期、使用要求、试运行参数、维护保障要求和方法、维修配件、维修服务及服务期等，以及材料和设备的更换等信息、设备 ID 及相关信息。

④设备及系统调试信息主要包括分部试转调试、机组主要节点调试、系统带负荷调试信息，以及机组调试评价及主要技术参数等信息。

⑤验收检测信息主要包括工程移交时各分部分项工程验收、进场材料设备验收、竣工验收检测内容、验收检测部位、验收检测方案和验收检测结果评估等信息。

⑥参加者信息主要包括建设单位、设计单位、项目管理组织、总包单位、施工单位、分包单位、监理单位、银行、材料与设备制造单位、监造单位、供应单位和政府质量监督机构等信息。

⑦工程经济信息主要包括工程建设施工、材料、设备等费用信息，银行信贷及财务费用信息，索赔及反索赔信息，监理及咨询费用信息等。

（3）工程运行过程信息工程运行过程主要包括以下几方面的信息内容。

①历史上工程运行发生过的问题情况：问题名称、问题原因、诊断日期、采用的维修方案、诊断工程师、诊断报告、费用、维修施工承包商、工程发生问题时及维修后的照片或图（录）像资料、维修后工程的运行情况、监测报告等。

②现行工程的问题情况：工程运行状况、出现问题的信息、问题基本状况描述。

③工程运行的常规信息：工程运行技术经济方面的信息、质量信息、故障信息、人员信息、维修情况信息和更新改造信息等。

④附件信息主要是指相关报告，包括过去工程结构、材料和设施的实验报告、检查报告、测试报告、监测报告、诊断检查报告以及工程疾病症状的照片或图像文件等，可以作为附件保存在相对应的信息库里。

第六章 智能变电站监控系统的关键技术分析

第一节 智能变电站技术研究与发展现状

一、国内外智能变电站发展现状

（一）国外智能化变电站技术发展概况

与欧美等发达国家相比，我国在技术发展方面，滞后于发达国家，但是在改革开放以后，我国的科技发展进入了高速发展期，不仅有科研院所和高等学府参与到科研当中，各个公司也逐渐参与到新技术的研发和应用当中。在变电站的发展方面，欧美等国较早地从事智能变电站的研究与应用，并提出了相关的技术标准，电气设备厂商也较早地开发出了相关的智能电气设备，包括各种保护装置以及测量测试工具等。在技术标准方面，提出了 IEC61850 协议标准，变电站中各种电气设备的通信要求满足该协议的要求。在电气保护设备方面，ABB 公司、西门子公司等设计生产了带有数字化接口的过程层控制设备，如断路器、智能开关以及互感器设备等。欧美发达国家对智能变电站的研究更多地偏向于负荷需求的建设研究，以及配电网相关的研究，但是在智能变电站自动化系统方面，主要还是停留在理论研究方面，只是从整体结构上提出了智能变电站的整体解决方案。西门子和ABB等公司的产品研发更多地集中在智能变电站的一次设备和二次设备上，虽然这类设备在使用方面得到了巨大的成功，但是只针对变电站的某些环节，并没有系统的智能变电站建设规划并投入使用。因此在智能变电站控制系统方面，反而是我国后来者居上。在智能变电站的测量和测试工具方面，国外仍长期占据领先地位。如OMICRON公司研发的CMC850系统，则是第一套对符合IEC61850协议设备的专用测试装置。该系统如今已经得到了广泛的推广和使用。在网络交换设备方面，因为在变电站工作中要面临较强的电磁干扰环境，因此针对这种应用环境，国外RuggedCom公司推出了可以在恶劣电磁干扰环境下稳定工作的工业式交换机。

（二）我国智能变电站发展现状

我国智能变电站相关技术的研究相比于欧美等发达国家，起步较晚。但是在近些年，尤其是进入21世纪以后，我国在科研方面投入了巨大的人力和物力，在电力系统相关的研究方面，已经逐步开始追赶世界先进水平。我国电力科学研究院从2001年开始从事对该标准的翻译工作，并将翻译后的标准在国内发布和推广。到目前为止，IEC61850标准在我国已经完成了第二版的国产化工作。为了加快IEC61850标准在国内的推广，国家电网组织了一次长期试验，通过国内设备和国外设备的相互操作，以此来检验国内各个厂家

IEC61850 系列产品的兼容性,促进相关产品的开发。到 2008 年,我国的部分变电站已经开始基于 IEC61850 标准建设,并投产使用。在试点建设过程中,国内厂商逐渐统一了建模标准,为数字化变电站和智能化变电站装置的设计积累了丰富的经验。

(三)变电站智能化标准研究现状

随着变电站智能化的持续发展,越来越多的学者对如何提高变电站的有效配置和实现展开了研究。其中自从标准 IEC61850 提出以来,越来越多的研究人员和机构根据此标准对变电站的各类智能化参数配置的设计与实现进行了研究,进而实现输变电设备互联互通和自动化。IEC61850 标准是电力系统自动化领域唯一的全球通用标准。通过标准,实现了智能变电站的工程运作标准化,使得智能变电站的工程实施变得规范、统一和透明。不论是哪个系统集成商建立的智能变电站工程都可以通过 SCD(系统配置)文件了解整个变电站的结构和布局,对于智能化变电站发展具有不可替代的作用。国外电力运营商在 IEC 相关规范编写和制定参与较早,西欧和北美发达国家通过编写、实验、示范和优化修正,形成了较为完整的 IEC61850 规范标准。终于在 2000 年国际大电网会议上将相对可实施的 IEC61850 研究成果进行了发布,同时通过试点项目,西门子等公司也发布了大量支持 IEC61850 的产品。在不同设备供应商的互联互通相互操作以及变电站智能化自动化运维方面,西欧一些大型企业在开发和改进 IEC61850 标准的同时已经着手实践、深入研究,并开发实现了一些如基于以太网的,标准命令发送和接收等特征性功能。但这些产品专业性较强，实用性不足，存在不同程度缺陷。例如，某些产品具有测试功能，可接收和解析通信消息并模拟发送消息，但通用性不强，只能手动编辑和生成所需发送消息并手动解析所接收的数据，需要用户必须具备高度专业化的通信设置和操作技能，熟悉各层消息的格式和内容及状态，并熟练掌握测试软件中更复杂的功能状态设置方法，对用户以及硬件设备要求高。

目前，标准 IEC61850 是变电站自动化系统的完整通信标准系统。在该标准中，清晰提出智能网络具有特定的结构，包括信息分层、系统配置管理、面向对象、映射到方法以及特定网络独立性。在此规范中，利用制造报文规范(Manufacturing Message Specification, MMS)进行设备的消息规范标准制定，进而实现设备的标准统一，达到互相同享和连接的目标，让变电站的各个信息模块标准化成为可实现的目标。实施该标准统一的前提即为数据信息能够共享互联。MMS 模块作为 IEC61850 标准中为变电站调试的工具，能够基于实际电力网络变电站需求进行相关设计，主要针对信息通道协议栈的建立，完成协议中抽象通信服务接口（ Abstract Communication Service Interface, ACSI ）至 MMS 的映射，并和前端的查询和命令等数据进行关联，进而构造完整的变电站调试分析工具集。

其中，在 IEC61850 中的 DL/T860 标准已经是当今国际上使用最为普遍且被广泛认可的变电站智能网络通信标准。国内厂商的变电站等设备均需要遵从对应的标准，推动了不同厂商间的设备研发和工程项目建设中应用，提高了国内智能变电站建设设备和网络的兼容性。国家电网公司基本完成了全网数字化智能变电站的部署。然而，因为国内受到不同制造商的技术手段和实践经验差异的影响，对IEC61850中的DL/T860标准的认知能力也不尽相同，进而导致不同的制造商所提供的通信参数配置、匹配软件应用也存在一定差异，又由于各自厂家的技术保密，进一步加大了配置的差异化，导致了不同设备间可能存在兼容性不足的问题，给实际的工作造成了极大的困难。

（四）变电站监控系统发展历程

在智能变电的研究方面，国内外早期研究多是针对电气控制设备和系统方面的研究，对监控系统的研究方面开展得较晚。在计算机技术、通信技术的大力支撑下，变电站自动化技术应运而生。对电气设备的运行可以通过计算机来控制，各种命令和数据的传输可以依靠通信技术。早期变电站依赖人员操控和值守的方式已经逐渐退伍，设备老化的同时，也伴随着老旧设备的淘汰。因此人们开始研究通过监控系统实现对变电站的自动化运行和无人值守运行。

1. 传统变电站的监控系统

传统的电网系统中，为了做到对每个电气设备和线路的信息掌握，通常采用配置专门值班人员的方式，通过人员的定时巡检查看，判断电气设备和线路的运行状态，当出现故障时，巡检人员通过电话等方式向中央监控系统进行告警。在中央监控系统中，通常在屏幕上模拟各个节点的状态，以指示灯的不同颜色代表其运行正常还是故障的状态指示。如果中央监控系统需要了解不同节点的运行信息，如电压、电流和功率时，则需要通过电话问询现场的值班人员。整个信息的获取需要依靠人力，花费很长时间，并且获取到的信息十分有限。对于电网运行控制来说，其需要的是实时信息，尤其在发生故障时，需要以实时信息为基础来处理各种故障状态。而通过人工方式获取的信息严格来说，已经成为历史信息。对电网的调度和控制而言，参考意义很小。因此早期的调度员多是依靠经验的积累来实现对电网的运行管理。这些导致早期的电网出现故障较多，故障影响面积较大，故障恢复时间较长。这种弊端的根源在于无法实现电网各种运行参数的实时监控，检测到的信息无法实时传输，因此要实现电力系统的安全稳定运行，提高生产效率，实现实时的远程监控是必须的前提。

2. 传统变电站监控系统的改进阶段

针对传统的依靠人工电话的查询方式存在的弊端，后期发展出现了变电站辅助监控系统。这是变电站自动化监控系统发展的第二阶段。变电站辅助监控系统主要是依靠安装部署在变电站中的远动装置实现对各个节点的电压、功率和电流数据的实时采集。采集后的信息通过电力线载波的通信方式传输到中央监控系统，调度人员可以实时获取变电站所有设备的运行方式。同时可以掌握各个开关设备的状态情况，如是否跳闸。在这一阶段中，调度中心能够更加实时地获取到电力系统的运行信息，可以根据电力系统的运行状态做出实时调整，基本实现了遥信、遥测、遥控、遥调的功能，提高了变电站的运行管理工作效率，也提高了电网运行的可靠性。这一阶段的变电站监控系统，在通信方面主要依赖于电话交换机，通信线路主要依赖于电话线路。在设备方面，控制电路的核心主要是依靠晶体管以及简单的集成芯片，如单片机控制器。多数控制系统主要采用的是集中式的组屏方式，最为重要的是，变电站内部的终端设备和中央监控中心的监控设备是一一对应的。因此这也导致其在功能实现方面，只能实现较少的遥信和遥测功能，而遥控和遥调功能的实现能力较弱。

3.基于计算机的变电站监控系统阶段

随着集成电路技术的发展，各种芯片得以飞速的发展，这给计算机的应用和发展带来了较大的机遇。变电站监控系统也随着计算机技术和大规模集成电路技术的发展进入了新的阶段。大规模集成电路的发展也带来了通信技术的发展，专用通信器件，通信协议随之提出和推广。这一阶段变电站监控系统的特点是以分布式的监控结构取代了集中式的监控系统结构。在变电站监控系统方面，将其分成站控层、过程层和监控层三部分。在监控系统的结构方面，采用物理结构和电气特性完全独立的结构。在通信方面，采用了独立的通信系统网络，并以 RS-485 总线和以太网通信为主要的通信方式，提高了通信的可靠性，同时避免了一对一的通信方式，将所有的信息通过统一的打包处理后，发送到上层监控系统中。

（五）可视化配置

在智能变电站的建设中，数据信息的可视化配置是一个重要内容。因此，全站系统配置文件（Substation Configuration Description，简称 SCD）的智能化管控也显得非常重要。全站系统配置文件主要表现了变电站里所有的一次设备的相关信息和二次设备之间的相互联系，包括设备名称、类型以及互相间的拓扑关联等相关数据。在基于 SCD 文件下建立相关的数据库变得较为方便，不需要重复建立复杂的模型数据库，仅仅将有关数据信息从 SCD 文件中导入就行，进而能够建立起完整的一次设备模型，并为变电站的智能化建设提供数据基础。但是，仅仅通过手动建立相关模型数据，无法满足实际需求，因此需要研究将 SCD 文件的变电站主接线图信息进行智能转变，建立起可视化的模型信息。

系统可视化配置的主要优点有以下三个方面。第一，变电站的一次主接线图的可视化能够非常直观地观察变电站的设备运行情况，以图形化的方式呈现也有助于更好地对变电站进行正确的监测和操作；第二，以图形化的变电站一次主接线图与传统的表格形式更具有可操作性，大大提高工作效率；第三，变电站的可视化配置大大增加了变电站的自动化程度，缩小了配置工作的难度。目前，可视化系统配置已经被广泛应用在各系统中。通过系统的可视化配置，实现了清晰的图形编辑方案，使用户能够通过在可视化窗口进行变电站一次设备接线图的编辑与修改，还能够在所建立的设备单元模型上直接设置对应参数。根据获取模型数据、基于模型层次进行嵌套以及生成相对应的配置信息的流程，通过不同的方法实现系统可视化的图形至模型的自动转变过程。其中在编制可视化界面过程中能够把 SSD 模型数据直接嵌套至 SVG 文件里，或者在编制过程中将变电站的一次设备图形均配置电压等级以及间隔的数据信息，再通过 LINQ 格式向 XML 格式转换的方法获得 SSD 模型相关信息，并根据 SCLSchema 方案生成标准格式的 SSD 文件。

利用自定义命名空间的方式针对变电站配置描述语言的文件展开数据存储，设定设备的图形信息存入标准 IEC61850 内。该方法主要利用间隔或者变压器的命名空间信息对设备的排列顺序进行标识，还利用二维坐标轴对各个设备的图形进行定位。此方法能够将变电站的设备进行有效的图形化处理，然而目前该方法还存在不能利用坐标位置信息得到设备的拓扑结构，也造成其模型普适性不足，大大降低人为分析与阅读的效率。

由于上述的方法均存在明显的不足，因此需要研究一种解决方法，能够准确表示生产设备相互之间的拓扑结构。变电站自动化系统的一次设备拓扑关系是制定电气设备防误操作联闭锁规则的主要依据，常见的闭锁方法有：利用图形信息导出闭锁方案、通过设置智能五防应用实现设备闭锁以及利用专家系统设计设备的闭锁方案等。因此，根据一次设备的拓扑结构能够设计多种方式的闭锁方案，进而大大提高现场的操作效率和运行的安全可靠性。系统拓扑结构图主要表达了数据中不同元素相互间的联系结构，结构中主要设置了顶点以及边两种因素，边是呈现不同顶点之间的相互关系。例如当某线路一侧对接一次设备，而另一侧则是对接大地的情况下，需要将数个线路合成一条才可以获得准确的抽象一次设备图形结构。但是，利用人为对该情况展开分析，不仅会由于过程复杂降低准确性，还会造成系统达不到原定目标的实用性。所以需要针对一次主接线图自动变换为拓扑结构图的方法展开研究，实现系统自动转换的能力，提高自动化程度和实用性。

（六）SCL文件管理发展现状

变电站配置描述语言SCL为标准IEC61850里进行表达与通信系统相关联的智能电子设备（Intelligent Electronic Device，IED）的通信配置、系统参数、系统结构等相互之间联系的文件形式。通过 SCL 功能模块能够使得不同生产商的应用工具可以转换成一种互相兼容的格式获取通信电子设备的相关数据信息以及自动化控制系统。由于变电站配置描述语言的基础是可扩展标记语言（Extensible Markup Language，XML），因此若要有效消除 SCL 文件管理问题的方法即为设计一种能够对 XML 文件展开有效且适当解析与处理的手段。目前针对此问题，国际上普遍使用的三种方法分别为文档对象模型（Document Object Model，DOM）、关联数据库以及纯 XML 数据库系统。

利用文档对象模型对 SCL 文件进行解析的方法被广泛研究。其中在早期万维网联盟（World Wide Web Consortium，W3C）就针对可扩展标记语言的解析方法设计了一个 DOM 模型和对应数据信息连接接口，并在基于该方法实现了许多商用以及开源的技术手段。在 DOM 模型被广泛研究的背景下，此模型以及对应的接口被应用到各个领域，进而获得的丰富的实践经验以及参考文档，让越来越多的研究人员能够更好地应用和改进。DOM 模型主要是通过将 XML 文件的树状结构用对象的形式进行复制，所以 DOM 模型在内存里则呈现出一个完整形态的解析树的结构，在该结构下，不仅能够直观且全面地阅读整个 XML 文件，还能够实现动态访问，然而该方法在进行数据量庞大的 XML 文件处理时，表现出来分析准确性不足和速度较慢等问题。

有学者认为 SCL 文件的主要形式是以数据信息作为中心，系统核心的配置数据和文件的格式无直接关系，所以能够通过关联数据对 SCL 文件进行有效的管理，进而充分发挥目前的数据库丰富资料以及经验的作用。存在一些数据库能够提供 XML 启动数据库技术，进而为 XML 格式数据的获取和存储提供强有力的支持。此模型建立的方法意义即是把规范 IEC61850 中层次数据模型解析成关系数据模型展开深入分析。然而在此转换过程中，因为 IEC61850 的层次数据模型具有层次嵌套复杂，造成对应的关系数据库建立十分困难。

此外，原生 XML 数据库（Native XML Database，NXD）被提出能够用来管理系统配置数据。由于传统的关系数据库虽能够较为方便的展开数据信息查询以及检索，然而因其复杂的层次结构导致其关系数据库结构复杂，造成文件解析速度较慢，因此通过利用 NXD 模型能够大大改善该问题。NXD 模型针对 XML 格式的特征建立了数据管理模型，基本实现在不破坏 XML 文件结构的情况下能够有效查询以及更改有关信息。通过利用 NXD 模型能够把 SCL 文件直接视为储存和提取的模块，不需要再另外构造复杂的关系数据库模型，还省略了导入 SCL 文件数据信息的步骤，大大提高了效率。此外，由于 NXD 模型能够支持多种形式，包括 XPath 以及 XQuery，所以对 NXD 模型的使用变得更为便捷。然而，针对变电站的数据信息文件容量较大时，使用该方法将会碰到数据转换复杂、效率不足、甚至造成系统崩溃等问题。

针对变电站配置描述语言配置的研究虽然已经有一些基本模型，但仍存在过程复杂、效率不足等问题，因此如何提高系统处理数据和客服系统内存不足等问题是 SCL 文件管理的一个至关重要的问题。

二、目前变电站监控系统存在的相关问题

变电站监控系统经过几代的发展，取得了长足的进展，但是针对智能变电站，要完全满足无人值守的运行要求，仍然存在一定的不足，目前变电站

监控系统的不足之处主要表现在以下方面。

（1）多注重电气自动化运行方面的监控，忽视电气设备运行环境的监控，因此设备运行环境的突变导致电气设备运行故障增多，并由此产生较多的安全生产问题。

（2）各个系统独立运行，没有统一的集成管理。环境监控系统以及门禁系统都是相互独立的子系统，在系统建设、维护以及运行管理方面，都相互独立，并且彼此之间没有关联。

（3）不同子系统内部相对封闭，没有开放统一的接口，以方便不同厂家设备的接入，保证设备单元的互相替换。

（4）系统部署复杂，不同单元不同功能只能由独立的子系统控制单元相互连接，而无法通过统一的控制单元实现对所有节点信息的采集，并实现数据的统一收发和传输。如针对高清视频监控，其只能通过网线连接专门的交换机系统，而无法综合利用现场的控制节点进行信息传输，其最终导致现场的布线总量增加。

（5）各个现场控制节点对电源依赖性较大，增加电源部署的工作量，最终导致变电站监控系统的通信线缆和电力线缆增多，不同系统、不同用电设备需要使用不同等级的电压。

第二节　智能变电站监控系统的总体结构

一、智能变电站监控系统的功能需求与总体结构

要完全实现无人值守，智能变电站不仅要在电气动作方面实现全自动化和智能化的运行，同时也要在相关辅助监控系统方面实现对变电站全方位的信息监控，取代有人值守变电站的所有操作。这其中的辅助系统基本包括以下方面。

（一）视频监控子系统

实现对变电站重要位置的视频信息监控，如针对安防监控方面，需要对变电站的四周围墙周围进行监控；针对电气设备动作方面，对关键的开关、继电器等进行监控，这些开关和继电器等相关动作在智能变电站的监控中都可以采集其信息，增加视频监控则是从视觉角度再次确认其动作的准确性。

（二）环境监控子系统

实现对变电站环境的监控，既包括室外设备的运行环境，如风霜雨雪等气象环境，也包括基本的温度、湿度、水浸和SF6浓度等环境信息的监控。

（三）安防监控子系统

视频监控本身也是安防监控系统的一部分，除此之外还包括人体红外探

测、门窗破损探测、安防自动告警等。

（四）消防监控子系统

电气设备运行容易产生火花，也极易引发起火事故，尤其是电气设备运行故障时，更容易起火，因此在消防监控方面，要有针对性地对一氧化碳浓度、二氧化碳浓度、烟雾等进行监控，以全面判断是否存在起火事故。

（五）门禁监控子系统

无人值守变电站虽实现无人值守自动化运行，但是仍然需要定期的巡检和检查，因此人员进入变电站内部时，需要一定门禁监控子系统，主要实现对人员身份的验证。门禁监控子系统中又包括人脸识别、门禁卡识别、声音对讲等功能。因此通过上述分析，若变电站要实现完全意义的无人值守，其基本要满足如图 6-1 所示的总体结构：

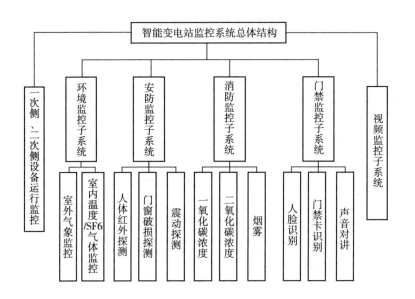

图 6-1　智能变电站监控系统总体结构图

二、智能化变电站一次侧、二次侧设备运行监控

智能化变电站一次侧、二次侧设备运行监控主要是针对所有参与到电力系统运行中的电气设备的运行状态和基本参数的监控，其整个监控部分基本分成三层，依次为站控层、间隔层和过程层。从设备和网络上划分，又包括三层设备和两层网络。其中三层设备主要是指站控层设备、过程层设备和间隔层设备，两层网络是指过程层网络和站控层网络。在网络结构上，站控层网络和过程层网络在物理上是独立的，主要为了避免两层网络之间的相互干扰和影响。

各个功能层的组成和功能分析如下。

（一）站控层设备及功能

站控层设备主要包括自动化站级监控系统、通信系统以及对时系统等。站控层的主要功能主要是面向整个变电站，实现针对全站设备的监控、控制和告警等功能。

（二）过程层设备及功能

过程层设备主要由电子式互感器、合并单元以及智能终端等设备组成。其中电子式互感器是推动智能变电站发展的关键设备。其解决了常规互感器电磁存在的电磁饱和问题，因此在电流电压测量方面更加准确。过程层主要功能是对电气运行参数的实时采集，如电流、电压的采集，电气开关、继电器的状态采集，并执行一定的控制命令。

（三）间隔层设备及功能

间隔层设备主要包括在变电站中承担继电保护功能以及测控功能的设备，它由若干个二次子系统组成。间隔层的主要功能是完成对设备运行的就地监控，如即使在站控层及站控层网络失效的情况下，仍能独立完成间隔层设备的就地监控功能。

（四）过程层网络

过程层网络主要传输报文信息，如 GOOSE 报文、SV 报文等，主要用于收集过程层设备采集的信息并传输到间隔层设备当中。网络拓扑通常采用星型拓扑结构。

（五）站控层网络

站控层网络主要实现将间隔层设备采集的信息进行汇总，传输大站控层。该层网络的通信标准为 IEC61850 协议，通常由高速以太网实现。网络拓扑采用星型结构。

三、智能变电站综合辅助监控系统的总体结构

智能变电站综合辅助监控系统由站端系统、传输网络、主站系统三部分组成。

（一）实时视频监视功能

在变电站中，图像信息的显示最为直接，如针对断路器的动作判定、针

对隔离开关以及接地倒闸的状态判定等。虽然在过程层实现了对这些信息的检测，但是这些检测没有视频监控显示的可靠和清晰，如一旦出现开关等设备状态采集部分出现故障时，其传输的结果也是错误的，而此时的视频监控信息是最为准确的。同时针对安防方面，视频监控是与人工监控最为相近的判断方式，可以清晰地显示所有的图像信息。

因此在智能变电站中，视频监控节点非常多，其监控范围即包括室外也包括室内，同时针对主控室、高压室、主变压器、重要的开关设备等，都会安装视频监控摄像机。在摄像机的选择方面，针对安防方面的摄像机，其清晰度要求较高，多选择高清数字摄像机，结合图像识别技术，可以判断是否有人员入侵。而针对电气设备状态监控，其只要求能够清晰直观的判断出电气设备状态即可，因此多采用模拟摄像机。

（二）环境信息监测

变电站的稳定运行主要依靠一次、二次电气设备，而这些设备的安全运行既有其自身产品特性的因素，也有环境因素。如高温、雨雪、强风等都会对设备的稳定运行造成影响。传统变电站的运行管理中，需要巡检人员实时监测设备运行环境信息，在智能变电站中，尤其要实现全部意义的无人值守，则需要通过技术手段采集到设备运行环境的温度、湿度、水浸、雪埋、SF6浓度等相关信息，在控制系统内，对采集到的信息进行存储、计算和处理，形成报表和曲线，同时进行预警。

（三）远程控制

远程监控中心可以通过控制系统和操作界面，对管辖区内的智能变电站进行远程控制，如对摄像机云台的控制，操控其旋转、变焦等；对站内的照明、通风、给排水、门禁等系统进行远程的开关控制。

（四）系统联动

传统变电站的监控系统中，视频监控系统、火灾监控系统以及电气一次、二次监控系统等，它们之间相互独立，没有实现系统联动。而在智能变电站中，各个系统之间要能够实现联动。如当检测到某些节点存在火情预警时，自动调动视频监控转向该画面，实现对现场视频信息的采集，以全面判断当前的具体情况。当出现故障跳闸时，自动调动视频监控转向该跳闸节点，从视频角度再次判断跳闸信息是否真实。当水浸监测到高液位时，应能自动开启排水泵；条件允许的话，可以与电力 SCADA 进行互联，操作时可以联动相应位置的摄像机，对整个操作工程进行全程管控。在智能变电站的监控系统中，要逐渐摒弃视频监控子系统、火灾监控子系统等概念，所有的上述子系统都统一归类为综合辅助监控系统，保证他们所采集的所有信息在系统内部都是共享的，以充分实现系统内部的控制联动。

（五）语音对讲、人脸识别

在智能变电站的门禁处，配置语音对讲和人脸识别等设备，主要是针对人员进行变电站运行查看时的身份确认，通过语音对讲和人脸识别的双重识别，准确判断进入人员的身份。

（六）视频采集信息的存储和回放

对所有视频采集信息要进行存储，当需要调取时，可以随时回放。对不同节点的视频信息，其存储时间可以不同，如针对安防应用的视频监控，其存储时间可以设定为一个月，只要满足安防需要即可。而针对变电站内部的故障检修、倒闸操作等，因为其重要性，其保存时间设定较长，如一年以上。

（七）配置维护

变电站辅助监控系统可以对系统内部的各个控制节点、处理单元进行配置和维护，如软件升级、配置参数修改、重新启动等。方便管理员的操作管理，使得人员不必到现场就可以完成配置维护工作，提高工作效率。

四、研究内容

（一）智能变电站监控系统的主要构成

对于智能变电站监控系统，其主要包括以下两部分内容。

第一部分是针对电气设备的监控，此部分功能主要实现的是对变电站整体配电、变电以及调度等功能，是变电站的核心功能。

第二部分主要是对智能变电站的运行环境等监测。智能变电站与传统变电站相比，其最大的特点在于全智能化控制，并且无人值守，而要实现无人值守，则需要通过监控系统完成对传统变电站的设备常规巡检工作、安防监控工作、环境监控工作、水电和消防系统的监控工作等。这些单元虽然不是整个变电站变配电系统的核心内容，但是它直接影响到变电站的稳定工作，在无人值守状态下，任何一个环境监测点出现问题，都会影响到智能变电站的稳定工作。

（二）智能变电站监控系统的主要工作

对智能变电站的电气设备监控和环境监控两部分内容分析中，电气设备的监控系统最为复杂，它主要实现对变电站各个电气设备的运行状态监控、对各个电气设备的运行进行调控，最终实现整个变配电工作。电气设备的监控系统都是采用的我国自主研发的，具有独立知识产权的控制系统，如南瑞的NS3000系统，这种系统在智能变电站的设计之初，就有明确的规划，并根据变电的规模和电气拓扑结构，由其所在公司进行基于该 NS3000系统的配置，而作为使用单位，更多的是对该系统的使用，出于安全考虑，不会对其进行任何的改造或者创新。但是，对于环境监控系统，则是根据智能变电站具体情况进行设计。这种环境监控系统无法用市面上任何一种监控系统来完成，必须要根据智能变电站的现场实际需求，自主的开发或者集成，以实现其所需的全部功能，因此对智能变电站的环境监控系统则是目前智能变电站建设的关键。

五、智能变电站监控系统的关键技术分析

（一）zigbee 无线通信技术

zigbee 通信又称为蜂窝通信。这种通信方式类似于 3G 通信中的 CDMA

通信方式，但是其在协议部分进行了大量的精简，使得其使用较为简单。

zigbee 通信具有较为灵活的通信组网方式，其可以自由组网成星型网络、树型网络和网状网络三种，这三种结构如图 6-2 所示。

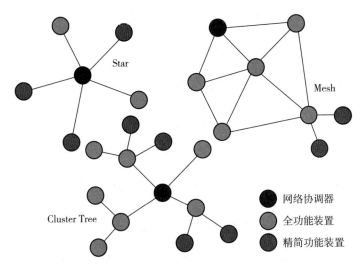

Star

Mesh

Cluster Tree

● 网络协调器
● 全功能装置
● 精简功能装置

图 6-2　zigbee 通信的网络结构示意图

目前无线传感器技术是最新型的传感器技术，其部署方便，无须布线的特征使得其可以更好地适合现场的应用。对于无线传感器通信技术的选择，通常采用 zigbee 通信技术，这目前已经成为无线传感器领域的共识。

zigbee 无线通信技术具备如下特点。

（1）功耗较低。zigbee 通信可以工作在正常和休眠两种模式，当无通信时，自动休眠。而在正常通信模式下，其发射功率只有 1mW。依靠两节 5 号电池供电时，zigbee 设备的最长工作时间可以达到两年。目前其他所有的无线通信都无法接近这一水平。因此在本系统应用中，采用 zigbee 通信方式时，不必担心因为通信问题导致的采集单元有较大的功耗，从而造成较大的电能损耗。

（2）使用成本较低。zigbee 协议目前是开源免费的，这意味着任何芯片厂商无须支付任何专利费，都可以生产 zigbee 芯片，因此其初始的生产成本就较低。在目前 zigbee 大规模使用的前提下，各个芯片厂家争相出货，在市场竞争的驱使下，也导致该芯片的成本较低。

（3）网络容量大。理论上在一个 zigbee 通信网络中，可以同时挂接65 535 个通信节点，包括一个主设备和其他从设备。因此 zigbee 通信网络的容量非常大，其完全可以通过这种通信方式建立一个私有的无线传输网络。

（4）通信时延较短。无论是有线通信还是无线通信，人们较多的关注通信时延问题，通信时延会导致两个通信之间存在一定的时间延迟，因此其实时性会存在问题。zigbee 通信的通信时延较短，由休眠状态到正常通信状态的通信时延仅有 15m/s 左右，时延非常短，这一特性使得其在工业控制领域被广泛接受。

（5）通信安全。zigbee 通信在安全设计方面，针对数据包的完整性采用了循环冗余校验方式，在通信接入的鉴权方面，使用基于 AES-128 的加密算法，使得其通信破解非常困难，通信非常安全。

（6）通信距离较远。zigbee 通信根据其射频收发功率以及使用的天线增益的不同，其传输距离也不同，在通常一个 zigbee 通信网络的覆盖距离为 75米，而在选用大功率 zigbee 通信模块的基础上，通信距离可以提高到 1 000米以上，当增加多层网络是，其通信距离可以无线增加。通过上述对比分析，在计量单元之间的自组网通信方式的选择上，选择基于 zigbee 协议的无线通信方式，该通信方式的特点可以很好地满足针对公共建筑电能计量的使用要求。

（二）针对环境信息采集的传感器技术

传感器主要实现对不同物理量的检测，如最为常见的温度传感器，实现对温度的检测。在智能变电站监控系统中，需要应用各种传感器。如在一次、二次电气系统的监控中，需要电流电压传感器实现对线路电流电压的测量。在辅助监控系统中，需要检测环境的温湿度、一氧化碳、SF6 等火情相关参数等。因此传感器技术是智能变电站监控系统依赖的基本技术。

传感器技术的发展大致经历了以下三个阶段。

1. 模拟传感器阶段

传感器对各种物理参数的检测，主要是利用不同材料对不同物理量的反应特性。如常见的铂温度传感器，它就是利用铂材料对温度的敏感性而设计的，当温度变化以后，铂的电阻值会相应的改变。因此在通过一个恒流源，就可以将电阻值转换为电压值。在控制器内部可以实现对该电压值得 ADC 转换，对比得到温度值。模拟传感器是传感器的基本形态，该传感器的输出就为模拟信号。早期的传感器都是采用模拟传感器，其虽然实现了对各个物理参数的检测，但是因为基于模拟信息传输，其传输中容易受到较大的环境干扰。如电磁环境、温度环境等会导致模拟传感器的信息检测不准确。同时传感器本身会因为温度的变化存在漂移，而为了避免温度漂移导致测量不准确，通常需要设计温度补偿电路。在模拟传感器阶段，温度补偿电路通常设计在控制器端。

2. 数字传感器阶段

传感器发展的第二阶段为数字式传感器，它是在模拟传感器的技术上，增加了 ADC 转换电路，在传感器上实现了模拟信号和数字信号的转换，最后其输出的就是数字信号。数字式传感器采用数字信号传输，其基本不受环境的影响，因此检测结果更加准确。同时其将温度补偿电路设计在传感器内部，在控制器端无须增加温度补偿电路，控制器只需要以标准的数字接口与传感器进行通信即可，通信接口通常有 RS-485、RS-232 等，测量结果更加准确。

3. 传感器芯片

随着芯片技术的发展，出现了传感器芯片。这种传感器芯片的基本原理也是基于传感器技术，只不过对其进行封装，将其设计为芯片形式。这种传感器芯片非常小，可以焊接到电路中。因此这种传感器芯片多用于可穿戴领域中，如 APP Watch 手表，各种电子手环，可以实现对心跳、脉搏、血压等参数的测量。这也是传感器领域的重要演进。

4. 无线传感器阶段

无线传感器是在数字传感器的技术上发展而来。其在数字传感器的基础上，增加了无线通信技术，使得信息的传输通过无线方式。常见的无线传感器通信技术有 zigbee 通信、WiFi 通信、蓝牙通信等。目前无线传感器发展和应用最多的通信方式为基于 zigbee 的通信方式。

六、变电站开关设备在线监测系统架构分析与设计

（一）变电站开关设备状态监测总体架构

从状态在线监测系统的功能和实现过程来对系统进行划分，整个系统被分为以下四个部分。

（1）信号感知，也就是我们所说的传感器，传感器可以用来感应设备的运行信号和状态信号，并将之转化为电路里模拟信号，以供后面的功放电路和 ADC 采样电路使用。

（2）信号采集，系统的该部分应该具有对传感器采集的信号进行功率放大，模拟信号滤波，ADC 采样转换，数字信号滤波和误差校正，以及向上层系统进行数据通信的功能。

（3）数据计算，这一部分的主要任务是计算分析采集来的状态数据，并对数据进行特征提取，来得出设备的健康状态，对设备发生故障的风险进行评估，若设备濒临故障或已发生故障，则对故障进行提醒。

（4）故障诊断，这部分的功能是分析设备发生故障的种类，并依据故障类型，对下一步维修给出参考建议。这一任务在过去是由相应领域的专家来完成，本书则借由服务器中嵌入了深度学习算法下的人工智能系统来完成，计算只需凭借足够的历史数据作为学习集对人工智能系统进行训练即可完成。最后，如果设备濒临或已经发生故障，则有操作人员对设备进行更换和维修，并记录故障时间、地点等信息。变电站开关设备主要指变电站开关类

一次设备，主要包括 GIS、断路器和开关柜。

硬件方面，将系统分为三层，即过程层、间隔层和站控层。其中，过程层负责进行现场数据采集，间隔层负责将数据汇总传送到站控层，站控层的主站服务器负责对数据进行分析、计算与结果呈现。考虑到现行的 IEC61850 通信技术中，各种过程层设备接入间隔层 IED 的通信协议，通信接口不统一，IED 数量种类繁杂的问题，本书采用统一的 NB-IoT 接入的方式对过程层到间隔层的通信协议进行规范，并将间隔层中的各种设备的 IED 单元换一个 NB-IoT 基站模块，以此来对 IEC61850 的框架进行重构。

软件方面，根据软件每部分模块的功能或每个模块所需承担的任务，将软件分为表示层、业务层和数据层三部分。表示层就是用户可以操作和观察到的部分，也就是软件界面；业务层运行在后台中，响应用户的操作，并执行用户指令的那部分代码；数据层是为业务层运算提供数据、接受并储存上传到主站的数据的数据库和代码。

（二）变电站开关设备在线监测硬件系统设计

变电站开关设备在线监测硬件系统主要负责对数据的采集、对传感器采集来的数据进行信号处理、模数转换、数据传输等任务。

1. 硬件系统总体架构

硬件系统一般分为三层：过程层、间隔层和站控层。不同于 IEC61850 通信规约的是，为了解决现行 61850 规约下的数据通信协议和通信接口不统一的问题，本书在过程层到间隔层的链接采用 NB-IoT 通信技术，并将间隔

层中的所有设备的 IED 单元换成一个 NB-IoT 基站模块，以此来对 IEC61850
的框架进行重构。

过程层包括所有的对被监控设备和被监控对象进行数据采集和状态监控
的传感器，来实现对数据的采集；还包括终端发射模块，终端模块负责将传
感器采集到的数据进行模数转换，并按照 NB-IoT 通信方法将数据采用无线
传输的方式上传到间隔层的 NB-loT 基站。

间隔层的 NB-IoT 基站与所有的过程层终端进行数据对接，这些数据经
过间隔层的汇聚之后，统一经由 IEC61850 通信协议上传至站控层。

站控层则应该实现对过程层直接上传的和间隔层汇聚后上传的数据进行
分析处理，除了与这些下层数据对接之外，还可以起到对下层设备下达控制
指令的作用。

2. 硬件系统采集的数据及其分析

变电站中主要的开关设备包括 GIS、敞开式断路器和开关柜等设备，本
书所设计的变电站开关设备状态监测主要针对这三种设备进行在线监测和分
析，其运行过程中产生的主要数据信息包括电气量和非电气量两大部分。

（1）GIS 设备。GIS 全称气体绝缘组合电器，是依靠 SFo 气体进行内部
绝缘的一种开关设备，其由于运行可靠性高、占地面积小等性能在电网内得
以广泛应用。

①电气量数据。GIS 设备内部含有实现电气回路通断的关键元件，如断
路器、隔离开关，其运行电流值、断路器开断电流值、分合闸线圈电流电压值，
都能反映设备实际运行情况以及设备动作特性。另外，GIS 设备内部放电是

反映设备内部故障的重要依据，其电气参数主要包括放电量和放电图谱。

②非电气量数据。GIS 设备内部采用 SF6 气体作为熄弧用气体。该气体化学性质相对稳定，常温常压下不易燃烧，不会发生爆炸，击穿电压较高，具有良好的绝缘特性，因此，该气体对电弧的熄灭速度和能力都相对较强，在开关设备中应用较为广泛。而一旦 GIS 设备内的绝缘结构出现损伤时，绝缘性能会下降，泄漏电流增大，甚至发生局部放电或者拉弧，由这些电击穿可能会带来热击穿，积累大量的热量瞬间在 SF6 气体中释放出来，造成 1000K 甚至更大范围内的温升，从而使 SF6 产生受热分解，在发生局部放电时，其气体产物往往包括 HF、SOF2 及 SO2F2 等标志性成分。检测出 GIS 内部气体压强及组分可以明确的指示设备状况及潜在故障隐患。另外，开关设备运行中的动作次数、分合闸的动作特性以及导电部位的物理特性也可以反映设备实际运行工况，如断路器的操动次数、分合闸时间、断路器的触头行程、分合闸速度、机械振动、导电接触部位的温度等。

针对气体绝缘组合电器经常出现的故障以及产生的现象，总结设备不同的状态参数与反映的设备故障之间的关联，从而为在线监测系统提供依据。电气类参数和非电气类参数均能有效反映设备缺陷情况，而且针对某些缺陷，可以通过多种方式进行检测，如针对导电回路接触不良问题，可以通过行程、气室温度两种方式展现。因此，我们可以通过各种类型的传感器，对这些数据信息进行实时监测，从而反映设备运行状况是否良好。

（2）敞开式断路器设备。敞开式断路器，其设备原理与 GIS 断路器原理一致，只是所处的运行环境多在室外，电气连接件均在室外，因此其状态监测除了与 GIS 类似的以外，还加上对敞开式断路器电气压接面温度的监测、对断路器外绝缘沿面放电等非电气量的监测手段。敞开式断路器监测参数基本与 GIS 设备监测一致，不同参数反映的设备缺陷情况也基本相同。

（3）开关柜设备。开关柜是当前 35 kV 及以下电压等级开关设备的主要形式，它集合了母线、断路器、手车开关、电流互感器、电缆、二次设备等，具有占用面积小、安全性能高等优点。开关柜内的断路器主要是真空断路器和 SF6 断路器两种，其结构形式类似，只是灭弧介质不同。真空断路器的触头在真空管中开合，因此磨损较少，可以适应频繁操作，而 SF6 断路器则同敞开式断路器一致，灭弧介质为 SF6 气体。开关柜装置的在线监测除断路器常规监测外，还包括真空度在线监测、开关柜内局放监测、触头接触部位温度监测、开关柜内部湿度监测等，主要是对开关柜内的运行环境进行分析，从而分析和掌握设备运行状况。开关柜的监测数据除了与上述相似的断路器数据外，还包括开关柜设备容易出现的开关触头温度异常和开关柜内部湿度异常两个问题数据，都具有很强的现场指导意义。以上是对这三类开关设备相关状态参数的介绍，结合设备实际运行情况，并不是对所有参数均进行监测，主要是针对容易出现异常状况的状态参数以及能反映设备状态的重要数据进行分析。

3. 硬件系统对数据的采集方式

（1）断路器线圈电流的采集。在现场运行中，断路器线圈电流的监测主要监测其合分闸电流的波形和大小，通过补偿式霍尔电流传感器来采集设备周围的场量大小，进而解算出线圈中电流的大小和波形。

（2）触头行程、速度、时间的监测。断路器行程和速度的监测采用旋转式光栅行程传感器的进行测量。旋转式光栅传感器的光栅被安装固定在断路器的操作机构的转动轴上，随断路器的操动机构痛角速度转动，光栅的狭缝每次转动到发光元器件上的时候。感光元件都会感受到光线的照射并发出电脉冲信号。根据光栅狭缝间距离和光脉冲的周期，计算出操作机构转动轴的转动速度，进而计算出开关的分、合闸时间，以及其同期性、动触头的动作速度，行程、超行程、开关动作完成前指定时间的速度平均值、极值等机械信息。

（3）断路器机械振动信号监测。断路器在动作时，操动机构承受加大的力，因而会不停地发出具有本征特性的机械振动信号，不同状态的机械结构健康程度会发出具有不同特征的机械振动。通过将声发传感器或气动传感器安装在断路器体外或断路器附近，可以实时的采集这些机械振动信号，而分析其分合闸过程中的机械振动的特性和参数，依照历史故障数据和断路器其他参数相结合，判断断路器健康状态。

（4）六氟化硫气体密度和微水监测。SF6 的密度和气室中水分的含量会直接影响设备的绝缘性能与稳定工作的能力。在高压 GIS 设备中，当六氟化硫气体中水分总含量达到一定数值后，与电弧火电晕分解六氟化硫后的产物相结合，会产生具有腐蚀性的产物，随着这些产物的慢慢累积和腐蚀作用的慢慢影响，会使设备的寿命下降，故障率升高。因此，对 GIS 设备中 SF6 气体内微水含量进行实时监控，可以防止其内部水分含量过高，及时采取相应措施，防止设备故障，保障用电安全。

气室内的气体压力等级直接影响了设备的绝缘水平和对电流的开断能力，它也是指示设备运行状态和健康状况的重要参考数据。因此对气室内六氟化硫气体的气压进行测量对预测和防范设备故障，监控设备状态，保障设备可靠运行是至关重要的。在实际测量时，如果对测量的精度要求不是很高时，选择参数合适的气体密度继电器来采集气压，但是当对测量精度和分辨率要求很严格时，要采用测量温度和压力相对独立的高精度传感器，综合考虑气体密度，温度等因素的影响，来采集到六氟化硫气体的压强和气体密度。把密度传感器安装在 GIS 设备本体外壳上，通过气室和导管相连的方式得到测试样本，可以实现对气体密度和气体中水分含量的测量。

（5）局部放电监测技术。GIS 设备在实际运行时，由于制作工艺及安装等问题，如零部件的松动、金属接触不彻底等各种机械故障会引起局部放电的问题。长期的放电会加重设备存在的绝缘缺陷，损伤设备的绝缘性能，最终引起绝缘击穿。而局部放电的波形本身就存在其显著特征：在 GIS 发生局部放电时，其波形上升沿的陡度较大，信号前沿上升非常快，在局放过程中，由于气体存在电离，会伴随有发光，发热和气体分解等现象。因此，只要对这些现象进行观测，就能对 GIS 设备的局部放电进行有效监视。

①测量地线脉冲电流法。如果 GIS 气室内发生局部放电，脉冲电流会向前传播，到达设备外壳，并沿接地线继续向远处传播，因而，对接地线脉冲电流进行检测，就能发现局部放电的现象。实际测量线圈使地线穿过线圈，然后用银型的高频电流互感器采集和测量线圈中感应出来的电流大小，而后计算出接地线中的电流。但是此方法由于受干扰明显，测量精度及成功率都

较低，因而在实际中，大多作为一种普查巡检的手段。

②超声波检测法。在局部放电的电离过程中，温度的升高使分子热运动急剧，从而导致了分子间剧烈碰撞，这些碰撞最终以超声波脉冲的形式向外传播。局部放电过程中产生的声波频谱特征，会因为设备、环境以及局放程度的不同而存在差异。在这些信号中，因为纵波波长短，能量分布较为集中，方向性强等特点，因而可以通过压电传感器采集声音信号中的纵波分量，分析计算发生局放的局放点，以及相关的放电强度的数据。由于传递过程中，弹性机械变形的衰减较快，压电传感器采集到的数据并不敏感且容易受到干扰，因而单纯依靠超声波检测法在实际应用中并不多见，尤其是不适用于安装在固定的永久性装置上。在实际工程中，大多将超声波检测与特高频法结合来提高其适用范围和测量精度。

③特高频检测法。在设备发生局部放电故障时，剧烈电离相当于大量的高频辐射子，会向外释放具有故障本征特性或频率的电磁波。其频段覆盖300~3 000 MHz，因而，只要将对应该频段的接受天线放在 GIS 内部附近，就能有效的捕获故障时辐射出来的电磁信号，进而通过分析计算，得到所关心的局放位置和强度等数据。为了提高 GIS 设备的熄弧能力和绝缘能力，其内部的 SF。气体密度往往做的很高，在发生故障时，电离辐射出来的电磁波将具有很高的陡度，因而在捕获该信号时，信号频段具有很高的辨识。从信号强度来看，GIS 设备腔体提供了一个天然的对外界电磁隔离的电磁波通道，有效的隔绝了外部的电磁干扰，减少了信号的衰减，因而可以为高精度的局部放电信号的收集提供了保障。

④声学方法。在导体外科发生局部放电时，由于剧烈的电离现象会导致具有特定信号特征的震动，因而，将可以测量设备震动的传感器安装在设备外壳上利用，利用对局放对应振动信号的检测，实现对局部放电现象的声学监视。

⑤光学方法。由于局部放电的过程中，气体电力伴随着气体中原子中电激发的电子的跃迁，所以会向外辐射出光子，使用通过 GIS 设备气室的光电倍增管，可以观测到其实内部因为局部放电而产生的辉光。但是光子在向外传播时，会遭到 GIS 和绝缘子的吸收，因而使光学检测法的观测存在死角，且灵敏度也不是很高。

（6）开关柜手车开关触头温度监测技术。开关柜手车开关触头是由动触头和静触头组成，动触头上的触头弹簧起到压紧导电接触面的作用。在运行过程中，由于动静触头对接不良或者触头弹簧变形、老化、断裂，会造成触头接触面导电不良而引起发热，因而监测触头接触面温度，可以反映设备导电部位运行状况。该触头温度监测技术主要有接触式测温方式和非接触式测温方式两种。接触式测温方式由于开关柜触头所处的环境为高压、高磁环境，不易配置电源装置；非接触式测温方式主要有光纤测温和红外测温两种方式。光纤温度测温测量误差小，单价格高，性价比低；而红外传感器测温视角大，易受周围环境影响，无法准确测量体积较小的物体温度。

4. 传感器选型

对当前在线监测系统中应用的传感器进行了考察和选型，选择性能更优、空间更小、信号传输更稳定的传感器应用到本系统中。这里列举以下几个传感器的选型结果。

（1）GIS 微水传感器。SF6 微水密度监测传感器可以长期对气体绝缘组合电器中 SF6 气体的密度和微水含量及其变化趋势进行在线监测，传感器将检测到的信号发送至终端模块进行 A/D 转换模块转换成数字量，再通过处理单元进行补偿计算及处理，并将数据发送至 NB-IoT 基站。

微水传感器通过测量电容得到水分。传感器整体相当于一个电容，其中，经过氧化处理的纯铝棒是电容的一个电极，在该棒电极外镀一层金膜电极，金膜上扣很多孔洞结构。氧化过的铝棒氧化处理部分在空气中很容易吸收水分，变相的改变了电容级棒之间的介质，因而会导致电容值发生变化，测量到两个电极之间的电容值，就能解算出气体总含有多少水分。

实际应用时，SF 微水密度传感器安装于 GIS 的补气口，以便气体可以经过传感器本体结构，传感器会以每秒 50 次的采样频率实时感知电容值，并将电容解算成气体水含量值，并通过信号线将数据发送到本文所设计的 NB-IoT 终端模块进行数据的进一步上传。

（2）GIS 局放传感器。采用基于特高频的全频带动态扫描局放检测技术的局放传感器，该传感器输出阻抗自动平衡，不需阻抗变换器，可以带电安装。实际应用时，TWUHF-G14 传感器通过螺丝固定在环形卡箍上，然后将环形卡箍固定于盆式绝缘子处，传感器将接受局部放电辐射出的特高频电磁波信号并将该数据以无线传输的方式送至本文所述的终端模块，经过一定的边缘计算，或直接上传至上一层。

（3）开关柜温度传感器。采用接触式测温原理，利用微电子技术、低功耗技术以及能量管理技术收集开关柜中的电磁能，并将其能量转化为温度传感器所需之电源，从而实现在高电磁场、大电流能实现测温功能的目的。传感器 SPS061V2 对环境的适应性更高，量程更广，因此选择该传感器作为本系统中的传感器。实际应用时，传感器安装在触头侧，使用钢带、钢扣、硅胶垫等进行固定，传感器可以从母线获取电磁能的方式为自己供电，此外，由于采用接触式测温，所需的成本较低，工作中，传感器内置的热敏电阻会实时的将自己的阻值解算成温度并将改参数通过无线通信的方式发射到本文所设计的终端模块，经由终端模块转发向上一层监控系统。

（三）变电站开关设备状态在线监测软件系统设计

变电站开关设备状态在线监测软件系统负责对数据进行显示，诊断分析，故障告警等任务。

变电站现有的在线监测系统以轻量级软件为主，往往仅具有数据的归档和呈现等简单功能，对设备的故障判别仅仅局限于参数越限的预警，缺乏智能化的设备诊断和提前预警功能。此外，软件没有足够的 API 与外部程序进行进程通信，功能相对独立；客户端软件的安全防护措施相对薄弱，往往只在应用层进行象征性的权限校验，网络层、数据链路层的安全措施相对空白，这在基于物联网通信构架下的系统中将会导致数据劫持、篡改、用户非法接入等致命问题。

1.软件系统总体架构

智能变电站设备在线监测系统的软件采用了 linux16.04 操作系统平台，

使用了 mysql 数据库，采用了 Python 的跨平台编程语言进行开发，并通过 pyqt 模块实现了界面编写。

软件系统按照软件所需完成的业务类别，可将其分为表示层、业务层和数据层三个层次，在每个层内，将对应该层各种任务需求的代码，封装成相应的代码组，也就是组件，由于每层的多个组件是按照不同任务进行划分的，组件所操作的任务对象相对独立，在不改变产品需求的情况下对组件本身进行升级时，不需考虑其他组件的代码兼容性。另外，当某一层的产品需求发生变更时，不改变程序接口，无须对其他层的代码组件进行适配重构。

在表示层中，用户可用过交互界面所提供的操作接口实现软件允许的合法操作，使用户能处理 GUI 界面所呈现出来的数据，以及软件运行时所抛出的各类事件，完成用户与软件之间的交互任务。业务层的代码组件负责核心逻辑，维持整个软件的正常运行，保障数据的完整性和正确性，向上接受并解析用户的操作指令，向下对数据进行管理，是软件的核心层次。数据层负责接受业务层下达的数据库操作指令，并完成调用相应的数据库操作命令。

2. 软件系统表示层逻辑功能设计

表示层是软件与用户交互的接口，向用户提供软件界面，呈现数据结果和操作按钮，供用户使用。

当用户对软件进行操作时，表示层将用户的操作传递给业务层的用户指令解析组件，业务层使软件产生响应，当业务层对表示层发送指令时，界面对指令产生响应。表示层仅提供用户可以点击的按钮，显示用户所需要的、经过计算的结果。例如，可以通过表示层获得查看各台开关设备运行参数历史数据的波形曲线，开关设备局部放电的图谱等功能的按钮和界面等。但是，当用户选择了某项功能并下达指令时，表示层并不具体解析用户命令，以登录界面进行简要说明。

软件会给用户提供实现各种功能的界面核按钮，但是，具体的功能执行要靠业务员逻辑层的各种函数包。当用户点击登录按钮时，界面会将用户点击的按钮发送给业务层，业务层会将用户的操作进行解析，如果密码正确，那么用户可以登录该只能变电站开关设备在线监测系统的软件客户端进行操作。

3. 软件系统业务层逻辑功能设计

业务层是实现软件功能的核心层次，无论对用户操作产生响应，还是维持软件自身的运行，功能都集成在了业务层。

用户指令解析模块负责将表示层传递下来的用户操作解析成相应命令，完成用户的交互。例如，用户想要查看 GIS 的微水值，那么，当在界面点击了数据查询按钮，用户指令解析模块会将用户的点击操作识别出来，并按照查询命令将用户操作的数据查询业务发送给数据查询模块，完成用户的意图。

外部程序接口是为了实现本书所设计的客户端软件与外部软件交互的接口 API，从而实现与外界软件信息交互的功能。在软件实际运行时，间隔层 NB-IoT 基站会实时、持续地将传感器采集到的数据上传到服务器，这意味着软件并不能孤立地运行在服务器上，而是需要参与对外界软件的信息交互。用户管理模块负责记录合法注册的用户，实现用户的登录退出、注册注销、密码校验等功能，从而对软件的操作权限需要进行限制，防止软件被误操作，保障智能变电站开关设备在线监测系统的安全可靠。为了提高软件的安全性，防止软件的用户权限被内存级以上的恶意代码所修改，本书中软件对用户字段及密码，均转换为 MDS 码，以密文形式储存在文件中，权限校验时，将用户输入的字段转化成密文进行比对，以防止软件加密字段被非法窃取。

监测模块主要是负责查看软件安装的服务器主机是否发生异常，例如 cpu、内存占用率是否过高等问题，实现对主机运行状况的实时掌控，避免系统意外崩塌现象。

安全防护模块负责监测软件自身运行时是否出现程序故障，是否与其他程序发生冲突，为软件动态的分配硬件资源，从而实现对软件运行状况的实时掌握，确保软件功能的稳定性。

同时，安全防护模块还应加入独立于软件主进程的守护进程。

当软件的控制指令下行至间隔层时，守护进程激活数据下行服务，并动态的为其分配端口，完成数据下行任务，并退出数据下行服务。

当间隔层数据上行时，守护进程激活数据上行服务，动态的为其分配，端口完成数据上行任务，并退出数据下行服务。

当数据暂停时，守护进程伪造数据上下行服务，并随机的分派收发端口，防止软禁在网络层被嗅探，提高 NB-IoT 系统下数据的安全性。数据分析模块是对数据层数据按照预先设定的算法进行分析计算，从而对开关设备的运行状态进行评估。数据分析模块是根据开关设备运行参数水平，进行基于 LSTM 的数据清洗，而后采用循环编码的 LSTM 算法，从而得出相应结论，包括设备是否发生故障，设备的老化程度或健康程度是多少，设备是运行在正常、注意、异常、严重这四个状态中的哪一状态水平，实现对开关设备运行状态的实时评估和故障判别功能。对存在设备异常的数据，分析模块还会将异常状况以弹窗的形式进行提示。

用户在实际应用时，除了关心设备运行状态的自动判断结果之外，用户还会关心设备运行参数的实时曲线、图谱等信息，这就需要数据查询和数据展示模块。数据查询模块负责调用相应的函数，从数据库中筛选相应数据，实现数据查询功能，并将查询结果发送给数据展示模块，数据展示模块向表示层发送指令，将查询结果在软件界面上进行输出。软件的数据查询功能在表示层 GUI 所提供的交互功能，可以看到，在进行数据查询时，软件采用地理信息图的方式选择电站，在选定电站之后，可以对所关心的设备进行选择，以便实现数据的查询功能。数据展示模块是通过调用表示层 GUI 所支持的 API 来实现对实时数据的波形展示，图谱展示等功能。

第三节　智能变电站通信标准

一、智能变电站概述

智能变电站在智能电网中不仅是保护、测控等功能的实现，也是构建网络集成平台的基础。通信网络是实现变电站自动化的关键，作为主站和变电站的传输通道，实现了整站的信息共享，其可靠运行对电网的正常运行至关重要。电力系统中新建的大多数变电站都是智能变电站，早期建成的大多数变电站也正在进行全面的自动化改造，使变电站变得智能化。中国变电站自动化系统已经应用超过几十年，变电站自动化系统的发展为电力系统的安全稳定运行发挥着极其重要的作用。随着信息化浪潮的推进，电力系统结构日趋复杂，对自动化系统传输信息能力提出了更高的要求，因此研究智能变电站通信网络结构基础及其模型具有现实意义。

智能变电站的常见的结构划分为三层，最低层为过程层，信号的类型一般为 GOOSE 或者 SV 信号，将这类信号传递到间隔层中做进一步的处理。中间层为间隔层，处理的为变电站中的测控装置所上传的信号。最上层为站控层，一般处于 MMS 网中，在站控层可对变电站中的电气设备进行相应的控制。智能变电站传递信号和处理数据的速度相比于常规变电站都有了明显的提高，能够具备实时控制的功能。在智能变电站中，实现电气设备数据信息之间的共享也是十分重要的方面，还可对数据信息进行在线分析，保证智能变电站的运行安全。

二、智能变电站结构及优势

（一）智能变电站的层次结构

在标准 IEC61850 中把智能变电站的控制以及结构主要分成了 6 个层次，包括站控层、间隔层网络、间隔层、过程层网络、过程层以及一次设备层。在不同的层级间主要利用以太网展开数据传输和信息共享。

各个层的定义及作用具体如下。

（1）站控层：该层设立了变电站监控计算机，主要进行变电站的监控系统。基于规则实行数据传输，主要作用是对变电站的设备运行情况进行监测、数据传输与调度以及操作的防误系统。

（2）间隔层网络：该层设立了数据交互服务器，分别对接站控层以及间隔层，利用软报文形式实行数据信息的传输。

（3）间隔层：该层设立了保护系统以及监控系统，通过匹配适用的装置，克服跨越间隔数据信息交互困难的问题，大大提高信息交互效率。

（4）过程层网络：该层设立了数据交互服务器，分别对接间隔层以及过程层，通过与外部设备进行对接，实现设备的运行状态的数据信息获取。

（5）过程层：该层设立了合并单元以及智能操作箱，通过对一次设备的对接获取设备相互信息。通过两个信息获取模块能够得到互感器、断路器以及隔离开关等有关设备的运行情况，进而根据需求展开相关操作。

（6）一次设备层：该层主要包括变电站内一次设备，比如电压互感器、电流互感器、断路器以及隔离开关等设备。通过对设备信息的获取，将其相关数据传输至对接的过程层，实现相关控制。

（二）智能变电站的优势

智能变电站的基本设备构架以及承担功能，运行方式等方面和传统的变电站基本相同。智能变电站和传统变电站的主要差异是智能变电站根据 IEC61850 规范建立了数据智能化管理系统，对数据信息能够更为有效且智能的管控。

传统的变电站呈现出类似烟囱的垂直结构，保护系统、测控装置以及IED装置按垂直设置，一次变电设备与传统的互感器设备利用电缆实现数据信号的传输，其次通过各个装置进行数据信息采样、滤波、清理后发送至远方操作后台。然而智能变电站则是呈现除了分层级的结构，一次变电设备与传统的互感器设备利用光缆实现数据信号的传输，并通过交换机将数据传输至各个装置，再根据IEC61850规范基于以太网协议高效的传输相关数据至远方操作后台。智能变电站的数据传输是通过光纤以太网，更具有实时性，数据处理方式也更规范，大大提高了变电设备的监控能力。

三、智能变电站的通信系统

（一）智能变电站的通信原理

通信期间要传输的信息是多种多样的。在变电站中的通信系统中，一般需要采用通信管理机接收变电站中传输的数据，然后，通过诸如路由器的通信网络设备将数据信息发送到光纤通信网络。在调度主站侧则配置了前置机，前置机接收到通信信号后，经过处理可转换为真实的数据，完成整个通信数据传输的过程。

（二）变电站的通信网络

电力系统中的通信系统能够实现变电站中各类信息数据之间的互通，需要通过光纤网络和2M线构成的网络进行数据的传输，这样电力系统中的各个变电站都可以通过通信网络连接起来，实现对各个变电站的监控。此外，还需要 SDH 光传输设备或 OTN 光传输设备等通信设备。随着通信技术的不断发展，目前在电力系统中大多数变电站都是采用光纤通信方式，光纤通信方式需要借助光传输设备进行相互间的通信。光传输设备组成的网络是一个综合的信息传输网络，集成了复用、线路传输和交换功能，由统一的网络管理系统运行。将多种通信设备连接在一起，可构建变电站的整个通信网络，电力系统在运行中涉及的多种数据都可以通过通信网络进行传输。

四、智能变电站通信网络特点

智能变电站的主要功能是运用先进的计算机软件和硬件技术，或者运用泛人工智能技术代替人工进行广泛的通信操作，其主要由监控单元、通信总线系统及监控云端构成，同时基于智慧的二次设备搭载最先进的网络通信技术，运用强大的计算机计算能力处理变电站各类型传感器的数据，实现变电站通信网络的综合功能。随着中国集成电路等核心技术的完善，现阶段变电站综合系统一般按照分层式的模式来构建网络通信系统。

目前 IEC61850 技术标准依然是国际上广泛采用的技术准则，其主要特点如下。

功能分层。变电站的功能分为许多层，各个分层之间的功能非常全面，各个层之间关联度较强。运用变电站通信功能能够实现通信系统功能的合理分配，主要包括对多个间隔或全变电站的一次设备进行程序保护、在线监测及智能控制等，例如全变电站范围内使用的逻辑闭锁或母线保护等。面向对象的统一建模技术。在强大的变电站通信自动化系统中给每个实际设备分配了节点，每个物理设备都具有明确的网络地址，具有明确的通信接口，同时可以对多个外部设备进行数据交换操作。需要说明的是，物理设备有服务硬件装置以及应用软件共同组成，数据对象具有多种不同的数据属性，其用于广泛定语各种不同的名称，计算方法等。

五、变电站通信网络的特征要求

对于实现变电站自动化系统的主要功能的要求，最核心和最关键的一点就是变电站内部和外部的数据必须要进行实时交换和无障碍的共享，并且要求系统具有安全可靠的运行水平。网络作为实现变电站通信装置良好运转的主体，其具有极其重要的地位，因为其联系不同的智慧电子装置，通过不同数据接口和不同的对象进行无差别的数据交换。当今时代，智能变电站的无人值守化已经成为时代发展的新趋势，必须增强网络之间传输数据量，通过精心描绘的操作命令、运行事件来满足对变电站系统的监控。具体有如下要求。

网络规格和环境。运用先进的信息技术和网络技术武装智慧变电站是时代发展的要求。但不可否认，目前依然存在一些问题：变电站通信自动化系统容易受到电源跳闸和雷电风险的危害，这是难以避免的。这些因素将严重干扰变电站通信系统的工作环境，因此必须研究一些避免干扰的措施，解决上述问题。

数据传输的可靠性和安全性。变电站通信自动化系统的运行可靠性极其重要，如果想要维持电网的安全稳定，其通信系统必须保持超高的可靠性，保持变电站通信网络能长期安全稳定运行，如果变电站通信装置发出错误信号，有可能影响电网调度人员的判断，进而造成极大的损失。因此，变电站通信自动化系统必须要考虑其数据传输的可靠性和安全性，主要包括故障预防、故障快速发现、故障诊断以及故障精准处理等。

　　网络负载的模型。变电站通信自动化系统存在两种主要的信息源，包括周期性信息和突发性信息，其具有不同的显著特点，需要分开建模。针对过程层网络的周期性信息建模技术，其采集到的电压和电流信号的周期采样值在不同的过程层之间相互传输，在这个过程中对变电站通信自动化系统的快速性具备特别高的要求。对于突发性信息，例如脉冲信号，这是变电站通信自动化系统中必不可少的关键信息，变电站通信自动化系统需要重点记录和处理。基于IEC61850芯片对突发事件为通用对象的模型进行定义，为突发性信息的相关模型进行建模。和先进报文处理装置一样，为对节点通信协议在处理报文的速度方面做出快速有效提升，能优化变电站通信自动化系统处理突发信息的能力。

六、智能电网的关键实时通信业务

（一）智能变电站通信业务

　　智能变电站作为智能电网采集、处理信息和执行各种控制命令的重要节点，其通信业务QoS（Quality of Service，服务质量）的重要指标——实时性和可靠性直接影响着电力一次系统的安全可靠运行。由于智能变电站通信网络一体化的缘故，不同间隔内的智能电子设备IED（Intelligent Electronic

Device）会相互影响和制约。当电网出现扰动或通信网络遭受恶意攻击时，大量的突发数据流量将注入网络，它可能造成网络拥塞，导致智能变电站关键业务的通信时延增加、数据丢失，严重时可能会丢失关键的业务报文。关键报文的时延增加、误码和丢失会导致智能设备的无法正常运行，这可能造成智能电网中断路器的拒动或误动，从而影响到一次系统的安全稳定运行。因此，需要对智能变电站的通信业务的 QoS 需求进行深入研究，寻找改善通信业务报文实时性和可靠性的措施和方法。

（二）电力广域保护系统通信业务

电力广域保护系统作为智能电网的重要的二次系统，承担着区域之间的电网信息采集、传输和处理，对整个智能电网的安全稳定运行起着至关重要的作用。为了确保通信业务报文能够及时、可靠和安全的传输和交换，可靠实时的通信网络是非常必要的，这将关系到业务能否正确的达到。由于广域保护系统的通信距离长，通信业务多，通信流量大，因此广域保护系统对信息传输的实时性要求非常严格。可靠性方面，通常以丢失命令的概率作为衡量可靠性的指标。

七、智能变电站通信系统的设计

（一）通信通道的选择

智能变电站中有多种类型的通信信道，包括无线和有线，如微波通信和卫星通信等都属于无线通信方式。有线通信方式包括光纤通信、网络通信等，其中光纤通信近年来的应用范围十分广泛，明显提高了智能变电站通信系统的稳定性。采用光纤通信方式时，将电信号转化为光信号，之后再通过光传输设备将信息传输到目的地，这种通信方式的抗干扰能力较强，并且所能够承载的通信容量也比常规的通信方式大，故能够得到广泛的应用。光纤通信可以作为智能变电站的通信方法，光信号传输的速度也比常规的电信号快，能够满足电力通信对速率的要求。

（二）通信规约的选择

在通信网络中，为了确保双方能够正确有效地传输数据，在发送和接收通信的过程中存在一系列规则。为确保双方正常工作，数据传输控制程序称为通信协议。目前，主要在中国使用的通信协议包括循环通信协议和问答协议。在循环通信协议中，工厂站可以根据规定将遥控信息组成要素发送到各种帧中。这种传输模式需要较少的信道质量，因为任何受干扰的信息都有望在下一个周期中获得正确的值。在问答通信协议中，如果调度员想要获得工厂站的信息，则调度员必须将查询命令消息发送到工厂站。查询命令是需要一个或多个工厂站传输信息的命令，查询类型不同。由于这是一个问题和答案，因此有必要确保调度员在提问后能够收到正确的答案，并且频道的质量很高。两种通信协议都已应用于变电站，应根据变电站的实际情况进行选择。

（三）变电站通信系统的拓扑结构

对于智能变电站中通信数据网络的拓扑结构，局域网已广泛应用于电力系统中，随着计算机自动控制技术的不断发展，可以形成广泛的数据交换和信息共享网络。通信网络常用的拓扑结构包括网状、星形状和环状等类型，各种类型的网络拓扑结构在网络通信的可靠性和通信质量方面具有一定差异性，应该根据实际情况加以选择。综上所述，智能变电站相比于传统的变电站，在保护的动作性能和供电可靠性方面都具有明显的优势，在未来的电力系统中将会得到越来越广泛的应用。

第四节 智能变电站体系结构与关键技术

一、智能变电站系统结构

（一）传统智能变电站系统结构

针对变电站自动化系统，IEC61850协议中提出了功能分层的概念。按照设备功能将其分为三层：过程层、间隔层、站控层。过程层的主要功能是将采集到的交、直流模拟量、状态量等模拟信号直接转化为数字信号并传输至上层，同时接收和执行来自上层的控制指令。间隔层将采集到的本间隔一次设备的信号和信息上传至站控层，按站控层下发的指令控制一次设备的操作。站控层的功能主要是监测、控制站内一、二次设备，同时和远方控制中心完成通信。三层设备之间逻辑接口能使用不同的方法将其映射至对应的物理接口。通常，使用站级总线覆盖逻辑接口1、3、6、9，使用过程总线覆盖逻辑接口 4、5。间隔层通信接口 8 能够映射到站级和过程总线中。智能变电站逻辑接口映射方法如图 6-3 所示。

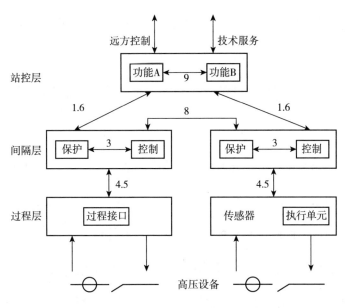

图 6-3 智能变电站逻辑接口映射方法

接口 1：间隔层和站控层之间交换保护数据；

接口 3：间隔层内交换数据；

接口 4：过程层和间隔层之间交换瞬时采样数据；

接口 5：过程层和间隔层进行数据交换；

接口 6：站控层和间隔层进行数据交换；

接口 8：间隔层之间进行数据交换；

接口 9：站控层之间进行数据交换。

根据上述思想，国内智能变电站采用较多的是三层两网的结构。

1. 三层

智能变电站自动化系统站控层设备主要有监控主机、操作员站、工程师工作站、通信网关、服务器（数据和应用）、PMU 数据集中器和计划管理终端等；间隔层设备主要有测控装置、保护装置、稳控设备、故障录波器、网络分析仪等；过程层设备主要有智能终端、合并单元以及其他智能组件。

2. 两网

变电站网络在逻辑上可分为站控层网络、过程层网络。全站通信采用高速工业以太网组成。间隔层和站控层通过站控层网络连接，站控层网络主要完成站控层各设备间、间隔层和站控层设备间的数据传输（图 9-3 接口 1、3、6、9）；过程层和间隔层通过过程层网络连接，过程层网络主要完成过程层和间隔层设备间的数据传输（图 9-3 接口 4、5）。间隔层设备之间通过映射至"两网"的方式实现通信（图 9-3 接口 8）。

站控层网络中的主要设备有中心和间隔交换机两种。中心交换机连接站控层设备，间隔交换机连接间隔层设备。由于站控层网络协议采用 MMS，因此又称"MMS 网"。过程层网络一般采用 GOOSE 网络和 SV 网络。GOOSE 网和 SV 网都是实现过程层和间隔层设备间的数据传输，但是两者传输的数据类型不同，GOOSE 网实现状态与控制数据的传输，SV 网实现采样数据的传输。通过 GOOSE 网和 SV 网的点对点通信方式，保护装置实现"直采直跳"。

3. 对时系统

对时系统由主时钟、时钟扩展装置、对时网络组成。主时钟采用双重化配置，一套使用北斗导航（BD），另一套使用 GPS 系统，一般优先使用自主研发的北斗导航。时钟同步精度优于 1μs。站控层设备与时钟同步一般采用简单网络时间协议（SNTP）方式，经站控层网络对时报文接收对时信号。间隔层和过程层一般采用 IRIG-B 码、秒脉冲对时方式。

（二）新一代智能变电站系统结构

与传统智能变电站结构区别，新一代智能变电站的发展方向是系统更加集成，结构布局更加合理，业务系统一体化。因此，新一代智能变电站提出了层次化保护控制系统的概念。层次化保护控制系统的总体目标是通过设置就地、站域、广域三级空间维度保护，集中电网全网数据信息，实现电网全范围保护控制功能覆盖；在时间上相互衔接，实现保护与安全稳定控制系统的协同控制；在智能二次设备运维技术方面，实现状态自动监测、定值在线核对、装置智能诊断、故障全景回放等高级应用功能。

就地层包含现场一次设备、智能终端、合并单元、就地保护等，就地级保护保留原有面向间隔单元的主保护和快速后备保护，目前已广泛采用的安装方式是预制舱或汇控柜，远期条件具备时则可通过保护装置硬件优化设计后贴近一次设备无防护安装，减少中间环节的同时，也方便了现场运行维护。

站域层主要包括站域保护装置、监控系统、站域层网络、智能管理单元等。站域保护通过网采网跳方式综合采集站内多间隔信息，实现站内后备保护，包括低频低压减载、安全稳定控制等功能，同时，作为广域控制系统子站，支持广域保护控制系统命令执行功能。

广域层保护控制系统是针对区域性电网设置的优化保护和优化稳定控制系统，可作为区域内单一站点、局部性电网的后备保护，加速电网故障定位，以确保电网安全稳定。

二、智能变电站一次设备

（一）智能一次设备技术特征

根据智能电网的发展目标及智能设备在电网中的作用，对智能设备提出如下要求：控制网络化、测量数字化、信息互动化、状态可视化、功能一体化；同时具有通信、测量、控制、状态监测及预警和自动调节等功能。

控制网络化是指基于 IEC61850 的网络化控制代替了传统的电缆，采用先进的控制算法。测量数字化是由智能组件将测量在就地进行数字化转换，重要状态量（如油压、SF6 气体压力等）通过接点接入。信息互动化是指设备之间进行信息（包括控制、测量、监测、计量、保护等）交换，智能设备与站控层设备、调度、监控子站的信息交换。状态可视化是指对设备的控制和运行状态进行分析，产生相应的信息供调度、监控用。功能一体化是指将电子传感器集成到一次设备中，使得一次和二次设备、电子互感器与高压设备一体化。

（二）智能一次设备的结构

目前智能变电站一般采用传统一次设备加智能终端的模式，与智能一次设备还有较大差距，为实现上述智能化功能，提出高压设备（变压器、断路器）

本体＋传感器（或执行器）＋智能组件的物理结构方案。其中，高压设备本体与传统一次设备在本质上并无区别，而智能设备则采用大量的传感器或执行器，植入一次设备本体或其部件；智能组件则是由若干IED组成，承担着其宿主设备相关的测量、监测、控制等功能，技术条件满足时还可实现计量、保护等功能。

1. 传感器

传感器是安装于高压设备外部或内部用于感知设备状态的元件，如变压器油色谱在线监测传感器、断路器SF6压力传感器、GIS局部放电传感器等。其功能是将感受到的信息经过模数转换变为可采集的信号，经光纤或电缆传输至智能组件。

2. 执行器

执行器主要包括断路器操动机构、变压器调压机构等完成设备状态变换的执行元件，故也称为执行机构，可视为高压设备的一次部分。其功能是完成智能组件到执行元件的控制，实现设备状态变化。

3. 智能组件

智能组件集成了保护、测量、计量、控制、监测等智能电子设备，与一次设备通过光缆或电缆连接，在完成对一次设备的控制的同时，对其运行状态、控制过程进行在线监测，增强电网运行的安全性和可靠性。为实现不同类IED的功能，智能组件还必须具备站控层网络通信和过程层网络通信功能。通过过程层网络，各IED与监测主IED之间的通信采用MMS服务，其他 IED 之间的通信采用 GOOSE 服务，而通过站控层网络，监测主 IED 自主向远动装置、后台机及监控子站报送主设备运行状态、结果和格式化等信息。

（三）智能变压器

目前智能变电站基本采用的是油浸式变压器，在运行中测量类信息包括油温、油位、绕组温度、分接位置等，控制类主要包括有载调压、冷却系统，监测类信息包括油中溶解气体、局部放电等，保护功能主要包括非电量保护。根据当前技术发展和应用，油浸式变压器智能化的项目和技术方案已日趋成熟。智能变压器架构示意图如图 6-4 所示，其智能化项目涵盖了测量、控制、监测、保护、计量五类功能，各 IED 的工作原理及其要求介绍如下。

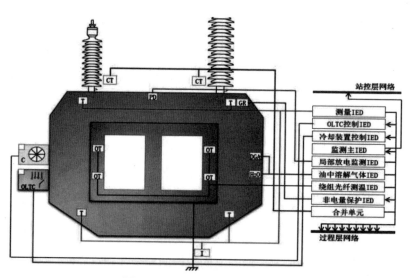

图 6-4　智能变压器架构示意图

1. 测量 IED 功能

测量 IED 采集主变油面温度、环境温度、油位、铁芯接地电流、油压、气体聚集量（轻瓦斯）等信息，同时基于 SV 服务采集合并单元的采样值信息，计算系统电压和电流，以配合有载分接开关的调压操作。测量 IED 将测量值基于 MMS 服务通过过程层网络报送至监测主 IED，基于 GOOSE 服务通过过程层网络向监测主 IED 之外的其他 IED（含测控装置）报送测量值信息。

2. 控制 IED 功能

（1）有载分接开关控制。IED 接收测量 IED 的电压和电流，接收测控装置的控制，实现智能主从控制，闭锁控制，向测控装置反馈与告警，监测运行状态，如驱动电机的电流、声学指纹、油温等信息，同时向监测主 IED 报送监测信息。

（2）冷却装置控制 IED。接收测量 IED 的电压和电流，接收绕组温度监测 IED，接收测控装置的控制，并能自主节能控制；可监测风机、油泵的运行状态，向测控装置发送告警信息，向监测主 IED 报送监测信息。

3. 监测 IED 功能

监测 IED 是利用过程层网络，采用 MMS 协议，将各测量、控制、监测等 IED 的信息进行汇总，并进行就地综合分析，获取变压器的运行状态、运行可靠性和控制可靠性信息。通过站控层网络，可将这些信息上送至站控层监控系统、站内综合在线监测系统或远端调度系统。可接入的模块包括：

（1）局部放电监测。局部放电监测主要用以监测电力变压器放电性缺陷，采用内置型特高频天线接收式监测技术或外置型高频线圈耦合式监测技术实现变压器放电量的监测。综合放电强度、频率、趋势等信息，诊断设备有没有缺陷并对缺陷的严重程度做出评估，将评估结果信息通过过程层网络基于 MMS 服务报送至监测主 IED。

（2）油中溶解气体监测。其作用是对主变本体进行可靠性检查，同时分析主变的负载能力。为达到状态可视化的要求，油中溶解气体监测采用的技术主要有光谱法、色谱法、电化学法。

（3）绕组光纤测温。主要用以监测电力变压器绕组、铁心及金属结构件的热状态，用于负载控制和绝缘寿命评估等。通过对绕组温度的监测，结合变压器油温、负荷、环境温度、试验数据等信息，算出可持续时间和热极限率。计算结果通过站控层网络传输至监控后台和调度，通过以固定的格式传输到监测主 IED。

（4）侵入波监测。侵入波监测 IED 的作用是对侵入波的陡度和幅值进行监测，这是评价设备主绝缘或绝缘设计的主要标准。它是经过基于电容型套管的分压测量系统，测量过程中记录波头时间（μs）和峰值（p.u.），其中波头时间的测量不确定度不大于 15%，峰值测量误差不大于 10%。侵入波监测 IED 由侵入波事件驱动测量，测量结果（波头时间和峰值）以 MMS 服务通过过程层网络报送至监测主 IED，每有新的侵入波记录，自动报送 1 次。

（5）高压套管监测。主要用以监测高压套管的电容量和介质损耗因数，用以评估高压套管的可靠性状态。高压套管监测 IED 的结果信息为故障模式

（屏击穿、受潮／老化）、故障概率；格式化信息包括电容量变化率、介质损耗因数、周围环境温度和测量时间，以 MMS 服务通过过程层网络报送至监测主 IED。

4. 计量 IED 功能

计量 IED 通过合并单元采集电流、电压并完成电量计算，可将现有的计量装置集成安装于智能组件柜，但柜体运行环境、电磁屏蔽等应满足装置运行要求。

5. 保护 IED 功能

考虑到现阶段变压器电气量保护运行环境的安全性，保护 IED 仅配置非电量保护。非电量保护 IED 通过过程层网络接收测量 IED 的油温、油位信号、绕组温度监测 IED 的预警及报警信号、冷却装置全停告警等信息，输出变压器跳闸命令，并向测控装置报送告警及保护动作信号。

（四）智能断路器

智能组件对于开关设备，不是仅对一台断路器，还包括相关的隔离开关、接地开关等。由于开关设备承担着电网运行控制的重要职责，开关设备是最早进行智能化的设备。在智能断路器研究领域，行业内已对开关设备的智能化提出了具体、明晰的技术要求。随着技术的发展，新一代智能变电站广泛采用了隔离断路器。隔离断路器将断路器与隔离开关融合成一组设备，具备开关与隔离的功能，减少了变电站的占地面积，减少了一次设备的数量，减少了占地面积，提高了利用率。但从智能化程度上看，两种形式的智能断路器均集成了测量、控制、监测等功能。智能断路器架构示意图如图 6-5 所示。

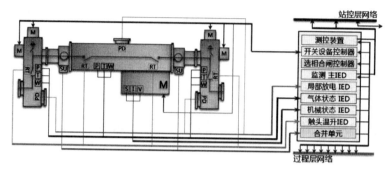

图 6-5　智能断路器架构示意图

1. 测量 IED 功能

测量 IED 主要完成气室气体压力、温度、水分等信息采集，基于 GOOSE 将测量值信息报送至过程层网络，通过 MMS 服务由过程层网络将测量值信息报送至监测主 IED，告警信息通过测控装置转发至站控层。

2. 控制 IED 功能

控制 IED 即由智能终端完成所属断路器间隔各开关设备的分合闸操作，满足所属各开关设备的逻辑闭锁和保护闭锁要求，支持顺序控制，通过过程层网络向测控装置反馈告警、分合位置等信号，同时将告警信号发给监测主 IED。

3. 监测 IED 功能

（1）局部放电监测。局部放电监测 IED 主要用以监测高压开关设备的放电性缺陷，其工作原理同变压器局部放电监测功能相同。

（2）机械状态监测。机械状态包括操动机构、储能系统、开关触头状态等。操动机构方面包括分、合闸操作时，分、合闸线圈电流，分、合闸过程中的声学指纹,分、合闸时间及行程等。储能方面包括储能压力(液压或气动机构),储能电机运行状态(包括启动频率、运行时间、工作电流等)触头状态包括触头温度,触头电寿命计算结果等。此外,还有机械操作次数,机构内温度等。

(五)电子式互感器

电子式互感器是智能变电站建设的标志性设备,其测量、保护、计量的准确性至关重要,设备运行的可靠性也直接影响了保护动作的正确性,是实现电网安全稳定运行的重要环节。电子式互感器一次方面使用低功耗线圈(LPTC)、电阻/电容分压器、罗氏线圈或光学材料等,对采集到的模拟量信号进行数字化处理,并利用光纤技术传输信号。

电子式互感器往往集成了多个电压或电流互感器,将测量的模拟量进行数字化处理,并将数字量传输至测控、计量、保护等装置。在使用数字接口的情况下,一组电子式互感器可以共用一个合并单元。合并单元可以集成于互感器中,也能成为一个独立的装置,在智能站中往往作为独立装置与智能终端一起安装在汇控柜中。

1. 电子式电流互感器

主流的电子式电流互感器有以下几种。

(1)罗氏线圈+低功耗线圈。采用"罗氏线圈+低功耗线圈"的电子式互感器是有源设备,将空心线圈作为敏感元件,与采样回路之间没有采取隔离措施。

(2)光学器件型。该互感器的光学元器件主要采用磁光玻璃和光纤两种,工作方式为无源，采用光隔离的方式实现与采样回路之间的隔离。

（3）传统互感器与合并单元组合在常规互感器的基础上加装合并单元，将互感器的二次回路接入合并单元中，由合并单元完成模数转换并完成数据的传输，一般用于常规站的智能化改造。

2. 电子式电压互感器

电子式电压互感器按照原理不同可以分电分压和光学传感为两种。电分压原理由电阻、电容、电感三种元器件实现。光学传感原理一般采用逆电压效应、电网 Kerr 效应、基于电光 Pockels 效应。安全稳定运行是电网运行的基本要求，因此提高光学电压互感器的稳定性和可靠性是研究的重点。欧美等国目前已开发电压达到 765 kV 的光学电压互感器，但由于不能稳定可靠的运行，不能在实际中推广使用。目前智能站中主要使用分压式电压互感器。

三、智能变电站二次系统关键技术与设备

（一）IEC61850 协议体系

IEC61850 是一种应用于变电站综合系统和通信系统的国际标准，并不仅仅是通信协议，是变电站通信网络和系统的简称。其拥有面向对象进行数学建模、对通信信息进行分层、采用统一的语言以及抽象的服务接口等技术特点，又与常见的通信协议不同，如只规定了报文的格式和内容的 TCP/IP 协议、IEC60870-5-101 和 IEC60870-5-104。

20 世纪 80 年代后，常规远动设备逐渐被微机远动设备所取代，通信标

准也从开始的十几种协议（如 CDT、Polling、现场总线等），逐渐发展成主流的几个标准（如 IEC60870-5-101、IEC60870-5-103、IEC60870-5-104），这是电子通信技术和计算机技术的长足进步导致自动化系统发展的必然结果。在随后的三十年里，网络技术的发展彻底改变了生活方式和习惯，同时也使变电站自动化系统发生了巨大的变化，因此必须要有一种满足百兆、千兆以太网数据传输的协议或规约。与其他标准相比，IEC61850 采用自描述的方式、面向对象建模，使变电站内来自不同厂家不同标准的设备实现交互和信息共享，并为在线监测系统提供一种实用性强的标准。

制定 IEC61850 系列标准的目的就是要实现不同厂商设备之间的互操作性。

所谓"互操作性"也就是说：在不同厂商设备之间实现信息交互，并正确执行特定的功能。

1.MMS 协议

IEC61850 标准的一个重要目的就是使不同厂家的设备实现"互操作性"。这就需要在设备间建立通信网络，并对交换的数据和信息进行规范。接收设备接收发送设备发出的信息并识别出其目的，做出相应处理后反馈结果，从而实现某种特定的功能。智能站站控层与间隔层设备之间以及站控层设备间采用 MMS 协议作为统一的通信协议，使得来自不同厂家的设备可以实现互操作。

2.GOOSE 机制

GOOSE（Generic Object Oriented Subsation Event）即"通用面向对象的

变电站事件"。它是 IEC61850 体系中的一种报文快速传输机制，主要用于闭锁和保护功能间的信息交换。GOOSE 网采用网络信号的方式，取代了传统的硬接线，大大简化了二次回路。

3.GOOSE 报文

智能变电站中 GOOSE 报文适用范围为智能电子设备传输闭锁信号、保护跳闸信号和开关量状态信号。

4.SV 报文

在过程层和间隔层之间传输的最为重要的两类信息是跳闸命令和采样测量值。跳闸命令是通过 GOOSE 报文传输的，而采样测量值则是通过 SV 报文传输。SV 报文也是采用发布者 / 订阅者的通信结构。SV 报文是一种时间驱动的通信方式，即每隔一个固定时间发送一次采样值，因此要满足实时性和快速性。当报文由于各种原因丢失时，发布者（电流、电压传感器）应继续采集最新的电流、电压信息，而订阅者（比如保护装置）必须能够检测出来，这可以通过 SV 报文中的采样计数器参数来解决。

（二）过程层设备

1. 合并单元

常规站中互感器采集到的电气量采用电缆传输并接入测控、保护装置，利用装置的采样模块进行采样和模数转换。智能站则是利用合并单元对互感器输出的数据进行采样和数字化处理，再经过光纤将转换后的数字量传输至测控和保护装置。

合并单元按照功能不同分类，可分为间隔和母线两种。间隔合并单元主要采集主变、线路、压变、电容器、电抗器等间隔电气量，且间隔合并单元只发送本间隔的数据。一般包括三相电压 Uabc，三相保护电流 Iabc、三相测量用电流 I、同期电压 UL、零序电压 U0、零序电流 I0。对于双母线接线，间隔合并单元通过采集到的母线侧隔离开关位置，自动实现电压切换的功能。母线合并单元实现母线电压和合并单元的采集，当一次侧电压并列时，二次侧自动实现母线电压并列。

（1）电气量采集。由互感器输入合并单元的电气量可能是模拟量，也可能是数字量。对于传统互感器输出的模拟量，模拟信号通过电缆输入合并单元，经过隔离变换、低通滤波后进入 CPU 进行 A/D 转换后，变为数字量输出至 SV 接口。对于电子式互感器输出的数字量，合并单元有同步和异步两种方式。同步方式：合并单元向各电子式互感器发送同步脉冲信号，电子式互感器接收到同步信号后，对电气量开始采集处理，并发送给合并单元。异步方式：电子互感器按照自己的采样频率进行电气量采集处理，并将每次的采样值发送至合并单元。

（2）状态量的采集。对于状态量的采集，合并单元可自身直接采集，也可经 GOOSE 通信采集。自采集方式：状态量通过硬接点输入合并单元，通过光电隔离变换，将强电信号转化为数字量“0/1”。GOOSE 通信采集方式：合并单元接受智能终端经 GOOSE 上传的就地采集到的状态量（比如刀闸位置），也可以通过 GOOSE 通信上传装置状态、告警信息（比如合并单元装置告警信号）。

（3）采样数据同步问题。由于数据从互感器输出到合并单元存在延时，且考虑到电磁式互感器和电子式互感器混合接入情况，不同的采样通道之间的延时也不完全相同。为了保证输出给保护装置的采样数据的同步性，在合并单元获得原始采样数据后，需要对其进行重构，即"重采样"过程，以保证输出数据的同步性。这也是智能站在验收过程中必须注意的一个问题。常用的有插值法、脉冲同步法等。

（4）合并单元时钟同步。合并单元接管了采样处理工作后，采样模块与测控、保护装置分离，二者之间的通信、时钟同步影响着保护装置的采样精度。因此时钟同步的精度就直接决定了合并单元采样值输出的相位精度。通常主要需要测试的有：对时精度：合并单元与标准时钟误差不大于 ±1 μs。守时精度：合并单元在时钟丢失 10 min 内，其内部时钟与绝对时间偏差在 4 μs 以内。

（5）电压并列、切换功能。单母分段、双母线等主接线形式的母线电压合并单元都具备电压并列功能，无须装设独立的并列装置。母线电压合并单元通过采集母联（分段）断路器位置和母线电压并列控制命令（Ⅰ母强制并列到Ⅱ母命令或Ⅱ母强制并列到Ⅰ母命令），从而实现电压并列功能。这一采集过程可以通过硬接点开入，也可以通过 GOOSE 采集。

当合并单元对应间隔接双母线时，期间各电压根据运行方式取Ⅰ母或Ⅱ母电压。这时需要合并单元完成本间隔的电压切换。母线电压合并单元可利用刀闸辅助接点采集隔离开关位置，也可由智能终端经 GOOSE 将隔离开关位置发送过来。根据 S1、S2 的位置来切换选择取Ⅰ母或Ⅱ母电压。

（6）装置结构。应用主要功能模块包括采集、处理、发送三个部分。智能采集模块主要负责数据的采集和同步。主处理模块主要负责配置文件管理、采集数据的处理、对时守时功能、电压切换和并列功能。输出模块主要接受主处理模块的数据，并根据发送需求对数据进行二次处理，并发送至端口。

2. 智能终端

智能终端也称智能操作箱，是现阶段一次设备智能化的初期表现形式，相当于智能化断路器、隔离开关的控制执行和采集单元。智能终端是一次设备的智能化接口设备，与一次设备间通过光缆连接，与二次设备间通过光纤连接。智能终端通过 GOOSE 网发送一次设备的实时信息，同时接收保护、测控等装置发出的控制命令，从而完成对一次设备的控制。这也是国内目前广泛采用的一种方案，即常规断路器＋智能终端。另一种较为先进的方案是将智能控制单元集成于断路器本体，使之形成一个整体，同时可实现通信，但应用尚不够广泛。断路器智能终端除了需要具备断路器操作功能之外，还包括用于控制隔离开关和接地开关的分合闸出口，以及部分简单的测控功能。

典型的开关智能终端的功能配置如下：

（1）断路器操作功能：①接收保护跳闸、重合闸等 GOOSE 命令；②具备三跳硬接点输入接口；③提供一组或两组断路器跳闸回路，一组断路器合闸回路；④具有跳合闸回路监视功能；⑤具有跳合闸压力监视与闭锁功能。

（2）测控功能：

①遥信功能：采集包括开关位置、闸刀位置、开关本体等信号。

②遥控功能：接收测控的遥分、遥合等 GOOSE 命令，实现对断路器、

隔离开关的控制。

③温湿度测量功能；

④对时功能；

⑤辅助功能包括自检功能、直流掉电告警、事件记录等。智能终端完全改变了以往间隔层与过程层之间靠电缆连接传输模拟信号而易受干扰的现状。通过数字信号的传输，其抗干扰能力大大增强，信息传输快捷、共享方便，在工程上大幅减少了电缆的连接，更加节能环保。

3. 过程层交换机

智能站通过智能终端和合并单元完成数字化采样与跳闸功能，进一步推进全站二次设备的网络化和光纤化。传统站的硬接点也变为通过光纤、交换机传递，这样的改变对变电站通信网络提出了更高的要求，因而过程层交换机的可靠性、实时性至关重要。为解决传统局域网广播报文占用资源过多引起广播风暴的问题，智能变电站过程层交换机提出了虚拟局域网的概念。它是一种将交换机从逻辑上划分成一个个网段，从而实现虚拟工作组的数据交换技术。从逻辑出发，按照相应的规则对网络资源和用户进行划分，将实际的网络分解成几个逻辑网。这些分解后的逻辑网有不同的广播域，广播报文不能跨越这些广播域传送。划分之后既可以减少网络中广播包的数量，提高网络性能，保证了信息传输的快速性，又能减少交换机的使用数量，提高经济性。

4. 过程层网络

随着智能变电站技术的快速发展，加上各个厂家对 IEC61850 的认识有明显差异，导致智能化建设模式各有不同、提供的产品接口各异且种类繁多。有些观点认为，组网是先进的，纯粹追求全网络一体化的应用，而忽视了网络带来的潜在安全风险隐患，主要表现形式是将变电站的保护 GOOSE 跳闸命令、电子式互感器采样等危及电网安全、可靠运行的重要实时信号过多地依赖于网络传输，使得变电站整体安全性、稳定性与网络规划设计、交换机的性能息息相关。一方面导致变电站建设投资与维护成本大为增加，变电站网络配置方案日趋复杂、交换机数量大大增加、性能要求愈加高档；另一方面，与常规变电站相比，继电保护的安全性、可靠性和速动性等关键性能指标却反呈下降态势，可谓得不偿失。因此，为保证 IEC61850 标准的"网络化"本源，需在确保继电保护的独立性及变电站安全与稳定的前提下，达到站内信息的全局综合利用。

对现存智能变电站的三种过程层网络比较如下。

（1）点对点拓扑。点对点通信即通过光纤直接完成智能设备的连接，中间不需要装设交换机，省去了通信时延，而且不存在网络数据量堵塞的隐患，网络故障后只影响连接的相关设备，是最简单可靠的一种网络结构。该结构的缺点是通信占用大量网口，光纤连接也错综复杂，无法共享海量数据。但从保护快速性、可靠性的角度考虑，它是能够满足要求的。继电保护的跳闸命令只是与本间隔智能终端产生联系，与其他间隔相关度不大，无须交换信息，因此点对点通信可以实现智能变电站过程层网络的数字化。

（2）环网拓扑。环网拓扑在物理上形成了环状，但是在某两个 SW 之间存在虚断点，所以实际为一条总线。该结构的优点是可靠性高，环路中任何一处发生故障均不造成通信中断。缺点是容易引起网络风暴，因每台交换机均要处理全网所有数据，如其交换处理能力不足，通信时延将大大增加，或者虚断点不能将链路可靠断开，网络故障后重构时间过长，容易导致全网系统瘫痪。但考虑到环网的经济性，在满足网络安全的前提下，可以采用该方案。

（3）星型网。星形网络结构清晰简单，两点之间的通信时延较少；相比于环网，它的冗余度稍差，任一点故障产生的后果与点对点拓扑相同，均会中断，但不影响网络中其余设备通信；为提高网络的冗余度，通常采用双星形网络，这样既满足了网络的可靠性，也保证了过程层设备之间通信的实时性，且没有网络风暴甚至是网络瘫痪问题。因此，在智能变电站过程层网络和站控层网络拓扑方案中，广泛采用了星型双网。

（三）间隔层设备

1. 保护测控装置

常规变电站的保护、测控装置各自完成模拟量的采集，彼此之间不能交互造成采集工作的重复。电子互感器的应用使得常规站保护测控装置的电气量采集功能被下放到过程层，从而通过光纤网络同时为不同的设备提供相同的数字化电气量。装置结构因此也省去模拟量采集模块，省去了大量端子和继电器，简化了二次回路，并且与一次系统完全隔离后装置安全性、可靠性也得到提高。

同时，保护测控装置的工作模式也发生较大变化，由传统站中采集的模拟量、接收的开关量、分合闸命令等硬接点传输模式转变为数字通信模式。因此，保护测控装置必须具备强大的通信功能，既要与上行站控层设备通讯，也要与过程层设备之间进行数据交换，并与间隔层设备进行交互。合并单元采集的信息传输至智能终端后，经过逻辑判别，并采用 GOOSE 命令的形式发送至智能终端，从而实现保护测控的功能，但保护测控工作原理与常规站相同。

2. 故障录波装置

在智能变电站中，传统的用于传输状态量、电压、电流等信号的二次电缆被光缆取代，模拟量被数字量所代替。因此故障录波器也相应地采用数字化录波器，相对于传统故障录波器，数字化录波器的技术特点主要有：全面支持 IEC61850 协议；采样数据同步；故障录波启动技术；数据存储技术。

录波数据记录方式可分为连续数据记录和触发数据记录。

（1）连续数据记录：对电压、电流、有功、无功、频率等电气量，以 1 000Hz 的采样率进行连续的实时记录。

（2）触发数据记录：当电网或机组有较大扰动时自动启动，进入暂态记录过程，分为 A 时段（大扰动开始前，不小于 0.1 s）和 B 时段（大扰动开始后，不小于 3 s）进行记录。采样率不小于 4 000Hz。常用的启动判据有以下九种：突变量启动；越限启动；慢变化量启动；序分量启动；频率越限启动；频率变化量启动；谐波电压启动；开关量变位启动；手动、远方启动。

3. 网络报文分析装置

智能变电站的主要特征之一，就是用以太网和光缆组成的网络通信系统代替了以往的二次回路。传统直观的硬节点、硬压板等都被光纤、网线代替了，这给二次调试检查工作提出了新的要求。数字式故障录波器依照其工作原理，只能记录电压、电流发生突变而引起的保护动作。如果某个智能单元发生故障，比如链路中断；或者由于报文在传输中出现错误导致保护误动或拒动；以及间隔层与站控层之间的通信状况；这些数字式故障录波器都无能为力。因此智能站需要新的设备，完整的记录整个智能站中各个智能单元之间的通信情况，重现事件发生的整个过程，为事故分析处理提供依据。

网络报文记录分析装置在此背景下应运而生。简单来说，智能站中的"网报"主要功能包括以下两点。

（1）实时记录全站 SV 报文、GOOSE 报文、MMS 报文等；

（2）实时分析、诊断通信网络的健康状况，通信数据异常情况，提前发现通信网络的薄弱环节，给出警报。

（四）站控层设备

智能变电站站控层包括自动化站级监视控制系统、站域控制、通信系统、对时系统等，实现面向全站设备的监视、控制、告警及信息交互功能，完成数据采集和监视控制（SCADA）、操作闭锁以及同步相量采集、电能质量采集、保护信息管理等相关功能。智能站站控层设备主要有：通信网关、监控后台、综合应用服务器、数据服务器、工程师工作站、操作员站、计划管理终端和PMU 数据集中器等。站控层完成变电站的遥信、遥测、遥控、遥调基本功能的同时，还具备程序化操作、保护故障信息系统、一体化信息平台及其高级应用等功能。

第七章　智能变电站系统设计

第一节　系统的设计原则

一、系统功能需求

智能变电站的主要作用是不仅能够进行实时变电站设备监控，还能进行通过远方控制操作系统进行远程控制。其中变电站设备的监控系统包括测量数据的信号输入端和数据信息显示输出端，通过信号的采集分析和输出比较，形成测量信号的闭环测试系统。远方控制操作系统根据所获取的相关设备采集信息，经过信息多维度分析和可视化系统监控，再做出相对应的操作。

（一）作为调试仪功能采集

数据智能变电站调试分析测试系统作为与智能变电站紧密结合的软件系统，首先要做的就是能够从智能变电站中采集各项数据，起到作为调试仪的信息采集功能。该功能的基本逻辑是将智能变电站的各项信息数据经过收集、汇总、统合后通过以太网传递到测试计算机端。设计框图如图 7-1 所示。

如图 7-1 所示，从实际需求出发，设计将变电设备以及电力网络的有关信息对接至合并装置、保护系统以及测控装置里，再连接至以太网交换机进行信号融合，最后利用以太网传输至测试计算机终端。传输规则根据标准 IEC61850 形式或 GOOSE 形式进行设计。测试计算机终端接收到信号时，再根据智能设备所设置的 IP 地址进行设备的具体定位，最终令系统具备调试仪类型的数据采集功能。

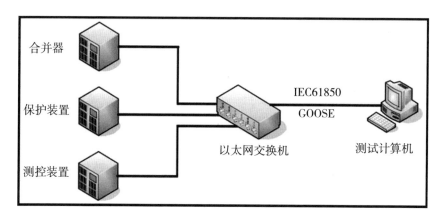

图 7-1 作为调试仪功能采集数据

（二）作为分析仪功能分析

模拟报文智能变电站调试分析测试系统作为与智能变电站紧密结合的软件系统，在通过调试仪功能搜集数据信息后，要做的就是通过以太网对从智能变电站搜集到的信息进行监控和分析，设计框图如图 7-2 所示。

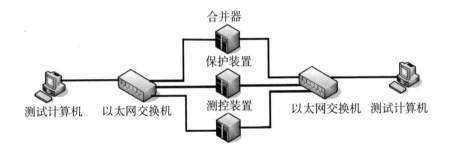

图 7-2　作为分析仪对报文进行监控

如图 7-2 所示，该功能主要逻辑是利用合并器、保护装置以及测控装置三个模块的数据信息分别对接两个以太网交换机进行信号融合，并分别利用以太网传输至两侧的测试计算机终端，进而实现报文数据信息的解析以及图形的可视化显示，进而实现对报文内容的分析与模拟。

（三）作为控制台直接操作装置

智能变电站调试分析测试系统作为与智能变电站紧密结合的软件系统，在通过调试仪功能搜集数据信息后，通过分析仪功能分析、整理数据后，要做的就是作为控制台通过以太网对从对智能变电站中的电力系统设备进行直接操作，其设计框图如图 7-3 所示。

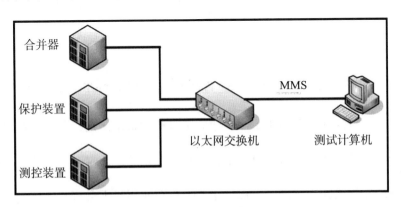

图 7-3　作为控制台直接操作装置

二、系统设计原则

对于系统设计来说，只有通过需求分析才能实现对用户需求的有效满足，这样的系统设计才可以称得上是成熟的。所以在系统开发的设计上，我们要对系统将来实现的功能进行细化性描述。系统设计需要在遵循安全环境的基础上，利用现有的系统作为开发的基础，在设计时应当遵循以下原则。

首先是系统的设计研发应用以满足电力企业在项目管理中的实际需要为目的。并在设计角度上充分考虑，系统能否切实提高企业对于项目管理的效率，是否能够确实降低项目运营成本，是否满足项目的具体化需求。必须要说明的是，整个系统的设计必须围绕企业的项目管理需求，并且，要与项目管理的日常流程相契合，并进行标准化、高效化、科学化设计。此外，在设计过程中还应与科研院所、高校、研究机构等加强联系，并进行有效的系统融合。该系统的开发首先要满足电力企业的需求，并且兼顾后续拓展中的其他单位使用需求，所以要实现其维护的便捷性以及充分满足系统的兼容性。特别是需要考虑同电力企业其他的管理信息化系统进行有效衔接。

设计原则如下。

（一）对当前的项目管理流程进行固定化、标准化和流程化设计

在企业长期的运营当中，逐步建立了自己的系统体系，尤其是在单个项目管理方面已经比较完善，且标准化。所以在系统设计时必须与公司当前的项目管理流程模式为基础，以保证企业人员在使用时不会有陌生感。同时还

必须进一步优化当前的管理流程，为此可考虑通过多项目协作管理机制来实现，并依托多项目管理机制来实现动态化管理，确保多项目的协同推进，从而促进企业整体效率的提升。

（二）保证应用性、可靠性、稳定性

要保证系统安全可靠稳定，就需要实现持续化无障碍运行，并且能够对常见的黑客攻击、网络攻击、网络故障具备相应的自我防护能力，系统必须支持对核心数据和信息的自动化备份，以此来确保不可抗力因素或系统故障时的系统安全，能够及时对数据进行恢复。在安全性方面我们提出了更高的要求。因为这是对一线工作人员开放的系统，一旦数据出现丢失，将危及企业生命。在现实过程中有一部分的研究人员并不具备计算机相关知识，所以整个系统要尽量设计的简单易用。与此同时，本系统还大幅优化和改进了系统的输入和输出方式，能够支持 Excel 等工具的数据导入，实现了一定程度上的便携化的操作。

（三）强化可拓展性

虽然是针对性开发的系统，但是以后该系统还可能应用到其他的科研院所，所以对于该系统的设计而言，应当充分考虑其可拓展性。在架构设计方面，应当竞争者采取扁平化、松耦合的设计加工理念。同时在各个功能实现模块使用的接口，尽量进行标准化处理，以此为未来的模块扩展，留下一定基础。此外在企业使用该系统的过程中，还需要与以前使用的一些办公系统和财务系统有效对接。所以在进行设计时，还要考虑系统的通用性问题和兼容性问题。尽可能地在设计过程中进行标准化接口设计。

第二节 系统架构的设计

一、智能变电站系统的架构

智能变电站自动化系统完成对全站设备的监控，站内监控及保护统一建模，统一组网，将保护、测量、控制、远动等功能集于一体，设备配置采用开放式分层分布式网络结构，与调度数据网的通信采用统一的通信规约，通过通信网络实现对一次电气设备的保护以及设备状态监视、远方/就地操作等功能，实现二次设备及系统信息的共享，在功能上满足无人值班要求，在逻辑上由"三层两网"构成，便构成了智能变电站自动化系统的主体。

（一）三层两网

智能变电站自动化系统在逻辑上由"三层"即站控层、间隔层、过程层以及"两网"即站控层网络、过程层网络构成。

站控层设备包括主机、监控系统、远动装置、继电保护故障信息系统及网络打印机等，提供站内运行的人机联系界面，形成全站监控中心，并实现与远方调度中心的通信。站控层主要完成以下几方面工作：实时读取设备数据并将实时信息存入历史数据库中；将实时信息传送至调控中心主站；接受调控中心主站命令并执行；具备基本办公功能。

间隔层由保护功能、测量系统、计量系统、故障录波等系统组成，为保证网络通信的可靠性，提高信息通道的冗余度，可采用上下网络接口全双工模式。间隔层主要完成以下几方面工作：优化统计运算、数据采集及下发控制命令等功能队列；承担本间隔实时数据汇总任务；承担过程层及站控层设备的网络通信功能；承担本间隔一次设备保护、控制、闭锁、同期等任务。

过程层由电子式互感器、智能断路器、智能终端、合并单元等装置构成。过程层主要完成以下几方面工作：承担包括电流、电压的幅值、相位以及谐波分量等实时采集的任务；承担包括变压器、断路器、隔离开关、母线、电容器、电抗器以及直流电源系统等运行设备的温度、压力、密度状态参数等在线监测任务；完成包括有载调压主变分接头的调整，投切无功补偿装置，拉合断路器、隔离开关，直流蓄电池的充放电等控制命令的执行 010 站控层网络能够实现站控层内主机、监控系统等不同类型的设备和间隔层内保护、测量系统等不同类型的设备之间的信息交互。过程层网络能够实现间隔层内相关设备以及过程层内电子式互感器、智能断路器等不同设备之间的信息交互。

（二）网络拓扑结构

在智能变电站网络拓扑结构设计中，需要充分考虑智能变电站的扩建、网络的发展等情况，应具备一定的可扩展性；需要考虑网络风暴抑制功能，应具备一定的可靠性；需要考虑支持变电站内设备的灵活投退，相关信息配置的灵活切换，应具备一定的实时性；需要考虑优化网络结构，减少网络设备，降低变电站的建造和运行成本，应具备一定的经济性；另外，还需使网络保持一定的冗余度。

（三）系统高级应用

智能变电站以高速网络通信平台为信息传输基础，根据电网运行需要支持电网运行自动控制、站间协同互动、顺序控制等高级应用功能，为智能变电站的运行、检修等工作提供了技术保障，不仅提高了工作效率，同时实现了智能化变电站运行管理水平的全面提升。

1. 顺序控制

顺序控制也称为程序化操作，是在预先给定的控制顺序或预先给定的操作框架下，按照既定顺序执行多个步骤的控制操作。顺序控制不但能够免除由于人员疏忽造成的操作失误，而且可以削减人员工作量。

在实际运用过程中执行两种方案：第一种是在变电站执行层面的，由站内总控单元预设所有的顺序控制，然后由远方调控中心主站发出命令或者有本站端后台发出控制命令完成操作；第二种是在测控装置层面的，由测控装置预设本间隔内的控制顺序，然后根据指令执行。

智能变电站实现顺序控制要满足以下 3 个方面要求：

（1）一次设备智能化。智能化的一次设备可以将自身详细是状态、设备信息等数据通过报文的方式传送到相关高级应用，从而可以快速获取有效的信息，实现快速的顺序控制。

（2）一次设备运行可靠。一次设备动作可靠、辅助接点能够真实地反应一次设备的真实情况，避免出现由于开关机构卡涩等原因造成操作失败的情况发生，是顺序控制成功的关键。

（3）二次设备运行可靠。完善网络中断告警机制，提高智能变电站二次设备可用率和可靠率，能够保证顺序控制成功执行。

2. 五防闭锁

五防闭锁可以应用于变电站远方遥控操作或者是就地操作，闭锁回路的设计可以由硬接点来实现，将本间隔的闭锁回路串接到受控设备的操作回路中，在设备关键位置配套设置锁具，通过逻辑闭锁应用软件实现全站防误操作闭锁功能。

3. 远动功能直采

直送就是直接从测控装置采集到远动通信设备需要的数据，通过站控层网络传输到远方调控中心，以反映电网整体运行状况，这就要求远动通信设备与站内监控设备无任何影响直采直送的关系。

4. 状态检修与设备在线监测

智能变电站通过设备在线监测功能可以达到几乎不存在监控盲区的水平，各种设备运行数据诸如电网运行状态数据，设备动作信息和告警信号等都可以有效地被获取，这就促进了状态检修的发展。设备在线监测主要是以下几个项目：

（1）变压器及其有载开关在线监测；

（2）容性设备的状态监测；

（3）GIS 设备的状态监测；

（4）二次设备状态监测。

设备在线监测的广泛应用促进了状态检修的发展，是变电站检修工作从以前的定时检修变成了根据监测到的设备状态数据开展有针对性的检修，从而可以节省大量人力物力，使检修工作更加科学，提高了设备供电时间和供电可靠性，提高了供电效益。通过一个多层结构的软硬件综合应用平台，将设备在线监测与状态检修结合起来。在这个综合应用平台中，通过监测、采集设备运行状况、检修历史、试验状态数据，站内数据平台分析设备运行趋势，对设备生命状态加以诊断，根据诊断结果通知远方调控中心或运维人员确定如何检修、检修深度和检修内容。在具体实用过程中，状态检修需要一个能反映设备状态的参数，达到了参数规定的阈值后进行报警，以达到提醒检修人员的目的。通过设备在线监测可以有效地将定期检修或预防性检修向状态检修方向转变，提高设备的供电可靠性和服役年限。

5. 智能告警

智能告警系统就是对设备和全站的运行状态进行在线监测，通过监测数据完成复杂逻辑分析和推演，将变电站异常自动报送到主站端并提出处理意见，同时还要实现对告警信息的自动分类和无效信号排除，以上工作都要通过一套完善的变电站故障信息推理模型来完成。告警信息通常都是在变电站端进行处理，然后将处理过的信息传送到主站端，以减少通信信道的压力和主站端工作负荷。智能告警系统可在事故情况下完成顺序时间记录（SOE）以及保护装置数据判断、对故障录波数据进行挖掘分析，将分析后的结果以简洁明了的图形界面进行展示。

6. 无功自动调节

无功自动调节的逻辑顺序是根据变电站采集到的潮流数据，安装在主站系统的无功电压优化软件进行分析计算，然后根据计算结果下达指令（如有需要），变电站自动化系统接收到指令后完成主变挡位调节和无功补偿装置的投切，实现区域无功最优调节，以上一切工作都是由智能变电站自动化系统和集控主站系统集成的 AVC 功能实现的。

二、在"Struts"体系结构下，主要包括控制器、模型、视图三个组成部分

（一）控制器（Controller）

在"ActionServlet"类的事实例中，"Struts"的基本组件是"Servlet 动作控制器"，其定义由"Action Mapping 类"负责。通过"Action"来实现业务逻辑，并通过 Action Forward、Action Mapping、Action 来实现业务逻辑的协调，此外，还可以通过 Action Forward 和 Action Mapping 来制定不同的过程方向和业务逻辑方向。

（二）模型（Model）

"Struts"结构体系中的模型主要有"事务逻辑"和"内部状态"两个部分，其中"内部状态"（ActionFormBean）具有一体性、连续性。"事务逻辑"则主要是内部逻辑封装，可通过"Bean"实现封装位置的状态调用，并在"Action"类内镶嵌一些小程序并使其成为"Struts"框架的一部分。

（三）视图（View）

视图基于 JSP 进行有效性构建，其在人际交互页面显示出国际化特点，并对其创造过程进行有效简化。当前，变迁库可使用标签包含："HTML""Bean"，并包含嵌套及模板标签。

第三节　系统的功能模块设计

一、系统管理模块设计

系统管理模块的主要功能是为系统用户进行授权，并管理系统用户的权限，确保系统任务模块处于正常运行状态。系统模块设计流程如图7-4所示。

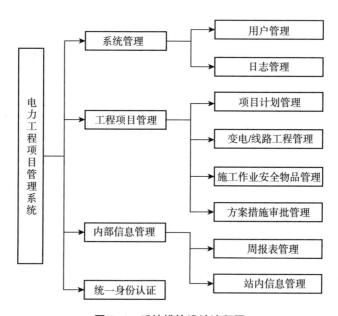

图7-4　系统模块设计流程图

（一）用户管理模块

用户管理模块的主要功能是实现用户集中化和统一化的管理，首先需要创设系统用户，具体的内容有用户名、用户角色和权限、初始密码、登录名等。用户通过用户名及密码进行登录后，还可以对自己的基本信息进行修改，但不能执行删除操作，只有系统管理员才能对用户执行删除。用户管理用例图如图 7-5 所示。

权限管理模块涉及的类主要有操作类、资源类、权限类、角色类和用户类五种，其中权限类主要包含编号、权限描述、权限名称、资源访问权限、操作权限和备注等内容，角色类主要包括角色名称、角色编号、角色描述和备注等内容；用户类主要包括用户姓名、编号、性别、年龄、职位、职务、岗位、部门和备注等。

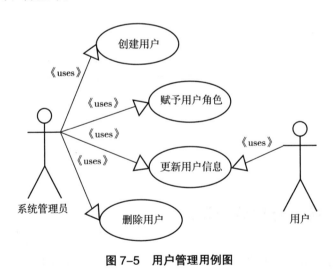

图 7-5　用户管理用例图

（二）系统日志管理模块

系统日志管理模块的主要功能是如实记录系统用户的各类操作情况，如操作错误、系统登录、访问等，以此来有效监督系统用户的操作情况，并且可以通过日志查看并对系统进行修正，以此来提高系统的性能及安全性。系统管理员通过系统管理模块来对特定周期产生的日志进行归档，也就是对每天产生的大量日志进行整理。普通用户没有权限来执行这一操作，必须通过系统管理员来执行，在完成日志归档工作之后，系统管理员可以查询、分析和统计系统日志，图7-6详细展示了本系统的日志管理用例图，具体如下所示。

日志管理模块主要包含四个关键类，如统计类、归档类、日志类和管理类。

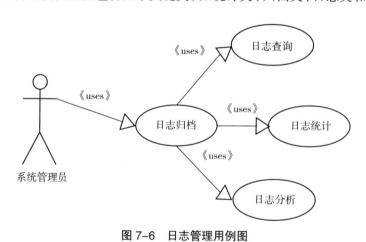

图7-6　日志管理用例图

二、统一身份认证设计

本书结合用户需求设计了统一的身份认证模块，该模块具有标准性、开放性和规范性等特征，能够对系统用户身份、权限和资源等多项内容进行认证，对于企业而言，其系统通常是必须具备身份认证模块的。该模块使用目录服务器（LDAPv3 标准）来对用户身份数据进行储存。并在该模块实现对数据的定时备份功能，通过一定的保护策略来确保系统运行安全可靠，并保证系统的容错性，以确保系统始终处于平稳运营状态。同时对于身份认证系统来说在数据传输途中的安全极为重要。笔者通过对用户输入信息进行加密，以保证其传输的安全性，并且确保加密信息无法逆向转化。构建并完善的身份库，通过身份库来实现对供电企业系统用户的统一化和集中化管理，并通过目录服务（LDAP）来存储系统用户身份。

"用户登录模块"流程：用户在完成用户名及密码的输入后，录入系统产生的验证码。随后点击登录按钮即可完成登录。此处用户名无须做大小写区分。通过"Dmo5"来实现对用户密码的算法加密。与此同时，为了防止用户重复登录和多次登录。

三、项目管理模块设计

（一）项目计划管理

在规划项目中，主要依据该公司的电力项目运行状况，编写最近三年内的滚动规划项目内容，包括工程概算、技改大修、三年计划、五年建设等。项目经供电所及供电公司的逐级审批行程规划库。项目计划经过上级审批之后，接下来需要按照预定的规则进入项目储备库，并通过专门的管理员来管理项目储备库，通过项目的批次、类型、时间和重要性等情况来存放项目，也可以在提取项目之后放入临时项目库。

顾名思义，"临时项目库"既是存放临时性工程项目的数据库。这种项目必须在资金到位之后再补充相应的项目计划流程，然后进行项目预算和审批报结等工作。通常来讲，"临时数据库"的来源主要有两种，其中一种就是项目储备库中结算完成后保存进入的项目，这类项目的主要特点是能够直接开工建设，不需要完成项目计划流程。项目计划模块的主要功能是管理项目资金，简单来讲，就是制定项目资金的管理模式和流程，预算模块和批次管理是这一模块的主要内容，现有的系统中已经具备了比较完善的工程费用模板，所以我们在使用时只需要按项目要求进行模板选择，或者如果没有可用模板，则可对模板进行自定义设置。

对因停工或增加计划而需要临时变更的项目我们需要对其进行调整，而调整后的项目无须再生立项，直接报上级审批即可。同时在项目报批过程中进行调整的，通常都是调整项目编制单，调整过程中主要考虑资金批次，其他内容可以不做调整，由于调整的并非计划性醒目，因此在调整完项目编制单之后，需要报上级进行审批处理。在上级完成审批后，项目清单会自动保存到调整项目库。

（二）变电 / 线路工程管理

在项目管理模块下，对变电 / 连接线路工程项目实行全流程管理。其管理通常包含以下几个部分：一是项目前期资料管理。具体包含审批、环测、路条等手续的管理；二是合同管理；三是施工管理；四是竣工管理。经过项目工程管理模块，我们能够对工程项目展开全工作流程的管理及研究分析，并实时考察该工程的进度。施工安全物品管理详细的工作流程如图 7-7 所示。

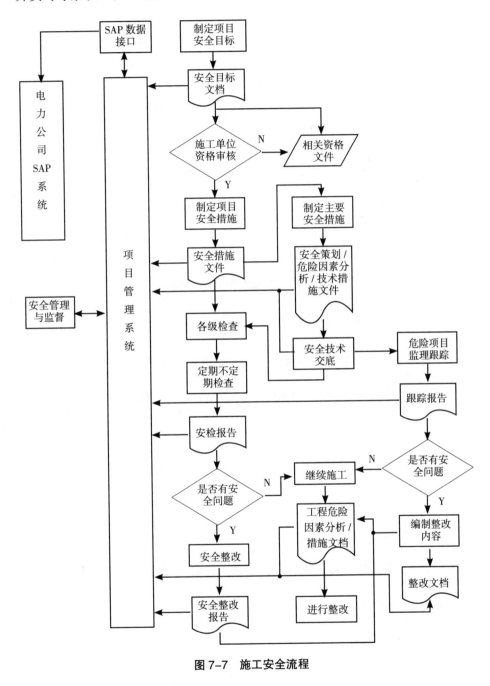

图 7-7　施工安全流程

施工作业安全物品管理详细的工作流程如图 7-8 所示。

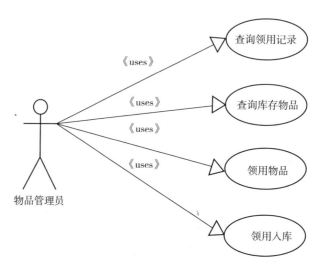

图 7-8　施工安全物品管理用例图

（三）方案措施审批管理

在设计方案措施手段的审核批阅管理模块里，通常是由两大组成部分构成。一是针对设计方案的审核批阅管理；二是针对审核批阅工作人员的管理。二者都属于项目工程管理的范畴，而一个工程项目要求有数个设计方案的实行措施手段组成。详细的措施手段审核批阅工作流程为：第一步，由报审批工作员把详细的措施手段设计方案录入体系；第二步，由审核人员进行审批；最后由有审批权限的人员决定是否通过。施工安全物品管理用例图如图 7-9 所示，设计方案措施手段的审核批阅管理工作者能够对设计方案的详情、审核批阅登记、修改调整规划等展开预览。

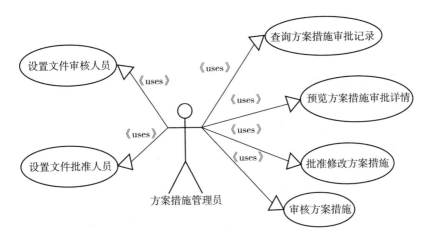

图 7-9　方案措施审批管理用例图

四、信息管理模块设计

（一）周报表管理模块设计

在体系的统计分析图的综合系统设计上，适用""下的""开源结构，""下并非会自动生成图像。

（二）站内信管理模块设计

普通的站内信体系经过一张表，来对每一个站内信的登记，展开统计分析。因为本次应用系统是综合服务企业管理内部的，所以其战略性的使用频率设定为较高频次，因而此处需要进行站内信系统改进。建议虽然本系统对战略性有着较高的操作评测，但是其功能使用都较为基础，所以在功能设定上可以分为草稿箱、草稿箱编辑、收藏站内信、收藏夹以及草稿箱的收藏夹查看功能及站内信的增添删改功能。

五、系统界面的设计

在项目管理系统中，所有的用户（包括管理员）均需要通过系统界面来实现人机交互。在对项目管理系统进行设计的过程中，要特别注意系统 UI 界面的设计，这对于人机交互来说是极为重要的。在系统的操作上，该建设项目管理系统可细分为前台、服务后台两大类操作应用。前台是每一个客户展开体系访问链接的时候，均会应用到的操作应用目标对象。而后台只有在对系统进行维护、升级、设置的过程中才可能会用到的。这里本系统没有太多的其他要求，所以在对人机交互页面的设计上要以简洁、实用为目的进行设计。

在目标对象选用区，供应下列操作应用目标对象选用模式：

（一）表格视图

表格视图主要包含客户及收集点的视图，值班人员以及下发的控制参数、召测数据等依照组合条件进行采集点的集合再进行数据分析。特别提醒的是，在客户视图方式下，能够对客户目标对象展开操作应用，举例对客户数据信息展开统计分析研究，对客户展开操作控制，对客户展开表记，对客户展开召测。当存在一对多的收集点，客户数据信息实时监测的时候，体系能完成对客户的精确数据信息辨别自动过滤。收集点视图具有服务终端操作应用的所有作用功能，并面向终端对象进行操作。

（二）树形视图

树形视图包括地区、行业、电网等的视图。在这种模式下，能够参考依据区域连接线路等的差异，来展开逐级统计分析。以上两大类视图都不可以应用在对客户的电脑主机搜查。其根本原因是由于两大类方式都要求开展太多的分布层次，而针对统计分析搜查的体系作用功能，能够经过某一个树上的点来明确要搜查的服务对象。此举更难方便直观的进行统计查询。也就是说当要咨询查询功能时，需要选定具体的操作对象以确定其范围。

第四节　智能变电站故障紧急处置系统设计

一、智能变电站故障紧急处置系统总体需求分析

智能变电站故障紧急处置系统主要是通过对智能变电站的现场各种电力设备的测控装置进行测量的信号按照重要性的等级规则，对测量信号进行分类形成智能变电站电力设备的各种状态信号，使用软件内置的逻辑运算模块对电力设备的监控装置的变化进行识别并发出报警的信号，进而形成智能变电站专属的事故 SOE 记录，然后使用软件系统运行后自动的、灵活的、准确无误的生成电力设备的故障报警标准报文，最后使用软件系统的报送模块将标准的故障报文报送至电网公司的相关运行检修人员进行专业处置的自动信息化系统。

在进行系统的总体功能设计前，寻找科学合理的软件系统设计方法对智能变电站故障紧急处置系统的开发具有重要的作用，基于软件系统结构化的特征和优点，在采用结构化设计的思想对智能变电站故障紧急处置系统进行详细设计前，需要从全局思维的角度对系统的总体结构进行详细的设计。综合考虑到电网企业使用者对软件系统的人机交互界面操作或者使用的特征和习惯，软件设计者需要对软件系统的人机交互界面进行总体设计。同时，考虑到该软件系统的数据库操作以及数据分析贯穿系统，系统的业务流程最终需要对软件系统的数据库中的相关数据表单进行查询、新增、删除等操作。

（一）智能变电站故障紧急处置系统的功能模块划分

本书讨论的软件系统的功能模块主要包括：

（1）基本信息功能模块；

（2）信号分类功能模块；

（3）信号状态功能模块；

（4）故障通知功能模块；

（5）报文发送功能模块；

（6）报送历史记录功能模块。

下面将一一介绍上述功能模块涉及的数据信息和功能。

（1）基本信息功能模块。基本信息功能模块主要是对电网公司运行检修人员的基本信息和电力设备信息进行修改操作、添加操作、删除操作和保存操作等功能。基本包括员工的姓名、员工的电话号码、员工的邮箱号码、员工所在部门、员工所在班组以及员工的个人编号等信息；电力设备的基本信息包括智能变电站所属部门、分管领导、电力设备的名称、电力设备的编号、电力设备所在智能变电站的站名、电力设备所在变电站的电压等级以及电力设备所在变电站的站址。通过搜集完全信息后可为智能变电站故障报文信息的组成、报文信息的报送以及信息报送的历史记录等功能模块提供数据信息的基础。

（2）信号分类功能模块。信号分类功能模块主要是通过智能变电站的测控装置的测量的所有的遥控信号的重要程度进行分类管理。电网工作人员可以根据智能变电站实际运行的需要对信号分类的规则进行添加操作、修改操作以及删除操作等，进而可以自由地将信号分类的规则进行灵活的转化和变换。

（3）信号状态功能模块。信号状态功能模块主要通过信号分类规则，对智能变电站中各种测控装置测量到的信号进行分类显示，经过软件系统内部处理后预判与辨识站内电力设备的报警信号，假如智能变电站站内的电力设备出现某一种故障的报警信息，如主变瓦斯保护动作、线路短路故障的保护动作等，形成电力设备的 SOE 记录信息，通过软件分析与处理后形成电力设备故障告警信息的具体内容。

（4）故障通知功能模块。故障通知功能模块主要是通过信号分类功能模块和信号状态功能模块提供的智能变电站各类故障的报文内容，将站内的电力设备故障信息通过软件运算分析生成的故障报告通过邮件或者短信的方式发送给对应的电网公司的运行班组或者检修的值班人员，然后将通知形成包括告警内容、报文收件人等标准的报文信息。

（5）报文发送功能模块。报文发送功能模块主要是根据故障通知功能模块提供的标准的报文信息，将站内电力设备的报警信息以邮件的模式发送给报文信息中指派的检修班组人员，进而达到第一时间通知到位的目的。另外，完成通知后报文内容和时间等数据内容需要及时反馈到报送历史记录模块。

（6）报送历史记录功能模块。报送历史记录功能模块主要是将变电站故障紧急处置系统中对已经发送的站内电力设备故障的报告内容和数据进行编辑操作。其中，电力设备故障报告历史记录中包含了电力设备的报警时间及其内容、报警信息的接收部门或者接收班组工作成员等信息。

（二）智能变电站故障紧急处置系统功能模块的关系分析

对智能变电站故障紧急处置系统的各个功能模块进行剖分，该软件系统的基本功能的工作任务的流程如图 7-10 所示。

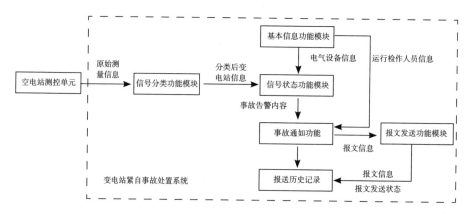

图 7-10　系统的工作任务流程图

由图 7-10 所示的工作任务流程可以看出，智能变电站故障紧急处置系统的工作任务的流转以及数据信息流非常清晰。

第一步，从智能变电站的测量装置开始对智能变电站内的所有的电力设备进行检测，使用软件系统中的信号分类功能模块。

第二步，采用软件系统内置的电力设备测量信号的分类原则、分类规则或者分类理论对原始电力设备的测量信号进行综合分析与归类。

第三步，将第二步分类号的设备信息通过软件通信方式传输给软件的另外一个功能模块—信号状态模块，该模块将站内电力设备的各个状态信号和设备的状态信息进行实时监测与对比，提取智能变电站站内的电力设备出现变化的状态信号，使用智能变电站故障紧急处置系统中的基本信息功能模块索取状态信号发生变化的相关电力设备的基本参数信息，采用软件中内置的固定格式将故障信息数据组合为一组用于电力设备故障提示的报警信息。

第四步，将第三步组合好的报警信息进行内部转换后，传输至电力设备的故障通知功能模块，该功能模块主要是对站内的电力设备的报警信息进行综合分析和提前预警判断，由此得出某变电站站内的电力设备的报警信息应该发送到具体运行管理该智能变电站的具体的某个班组或者具体的电网运行检修人员，在软件系统的内置的基本信息功能模块中查询电网运行检修人员的基本信息，并将该信息提取出来形成本系统指定的标准报文信息。

第五步，软件将组成的标准报文信息传输到软件的报文发送功能模块，该模块对标准的报文信息进行读取与分析，查找电网运行检修人员的邮箱号码，与此同时自动地给电网运行检修人员发送电力设备的故障报警信息，让智能变电站的检修的人员在第一时间抵达故障现场。

第六步，软件系统的最终目的就是给检修人员发送故障报警信息，完成故障报警信息发送后，本系统还会将故障报文信息及其发送状态在同一时间内传至历史记录功能模块，给模块主要是对历时信息进行储存，便于后续的智能化检索技术的优化。

二、智能变电站故障紧急处置系统关键模块功能需求分析

信号状态功能模块和事故通知功能模块位于软件系统的核心地位，那么本节将详细介绍与分析信号状态功能模块和事故通知功能模块。

（一）数据流图介绍

DFD 全称为 Data Flow Diagram，其中文名称为数据流图，它的主要功能为用来描述软件系统的数据逻辑，它可使用简单的四种符号，来准确地反映数据在软件系统中各个环节中的流动、存储和处理的基本情况。DFD 主要组成部分包括数据流、数据处理、数据存储以及外部实体。其数据来源于软件系统以外的接口。

DFD 的特点：抽象性，DFD 可将一些看起来并不是那么重要的，但是又非常复杂的东西进行过滤或删除，将数据的存储、数据的存放、数据的处理以及使用的基本信息进行保留，而以上数据信息能够反映软件系统中数据处理的全部过程。

（二）系统信号状态模块的功能需求分析

系统信号状态模块的功能需求示意图如图 7-11 所示，作为智能变电站故障紧急处置系统中核心功能之一，该示意图分三个部分对信号状态功能模块的功能需求进行了深入的剖析与阐述，下面将一一介绍每个部分的功能内容。

首先，在站内设备的监控装置所采集到的数据参数与本书研制的软件系

统通过某种方式进行结合后，软件系统就能对传输信息进行分类显示与查询，软件界面也可以实现信息之间的灵活自由地切换。

其次，智能变电站站内的电力设备的报警信息变化在软件系统中能够被精准辨识，此类状态信息包括主变瓦斯保护、系统多种短路故障保护情况、设备测控装置的工作状态以及其他环境状态信息的变化情况等。

最后，软件系统根据辨识出来的电力设备或环境的变化信号，结合软件系统中的基本信息模块中所能提供的各种各样的电力设备的基本的数据信息，通过软件的综合分析，即可形成电力设备的信号的变化报警的具体的内容信息。

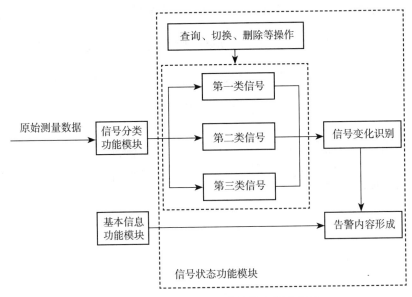

图7-11 系统信号状态模块的功能示意图

在电网运行的现实情况中，由于智能站内的电力设备、辅助设备的数量异常的巨大，并且智能站内的设备所需要测量的数据参数的数量更是多出不少，例如站内的一台主变压器需要测量的电气量数据包括油枕内的油位、油温、瓦斯保护是否动作等一系列信号，非电气量数据包括环境温度、环境湿度以及散热风机状态等。因此，电网运行检修人员面临的问题就是如何在如此大量的信号数据中迅速、精准地辨识出对应电力设备的变化信息或告警的信号就异常重要，信号状态功能模块的难点在于电力设备的信号变化辨识功能，对此应用开发时需要从以下几个方面着手来满足要求。

（1）该功能模块需要记住电力设备的上一次测量的时刻信息；

（2）该功能模块需要对电力设备中信号的变化能够做出正确的判断并标记；

（3）该功能模块需要将电力设备的报警信号经过分析与处理后，然后将这些已标志的信号尽心去标识处理，让电力设备的信号状态恢复到原来正常状态。那么，软件系统中信号状态功能模块的数据流程图如图7-12所示，该示意图是基于图7-11给出的信号状态功能模块的功能需求示意图而给出的。

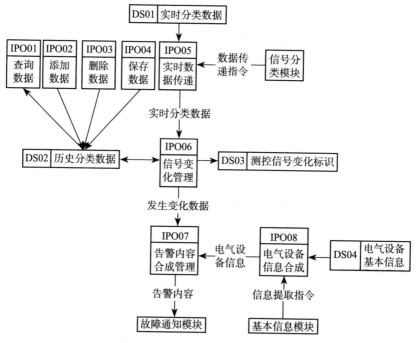

图7-12　信号状态模块数据流图

在信号状态的功能模块中，需要进行存储的数据包括实时分类数据、历史分类数据、测控信息变化标识以及电力备基本信息等。需进行加工处理的数据包括查询数据、添加数据、删除数据、保存数据、实时数据传递、信号变化识别管理、告警信息的合成管理以及电力设备的信息合成等。软件系统主要的外部接口包括信号分类模块、基本信息模块以及故障通知模块。

（三）事故通知模块功能需求详细分析

软件系统中核心之二的故障通知模块功能需求示意图如图 7-13 所示，详细给出了智能变电站内电力设备故障通知模块功能需求，换而言之，系统的故障通知模块就是依据智能站电力设备的报警信息的归类类别，然后系统的后台通过与智能变电站的运行维修人员进行搜索与匹配，两者成功匹配后，软件系统就可确定此类电力设备的故障告警信息该发送给对应班组，软件系统在基本信息模块中的数据库中进行搜索电网运行或者检修人员的基本信息，形成一个完整的、准确的故障报文信息，随时准备提供该信息给报文发送功能模块。

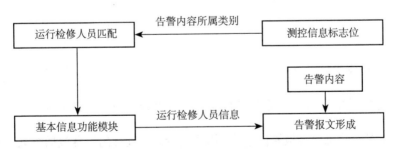

图 7-13　事故通知模块功能需求示意图

综上所述，智能变电站电力设备的故障通知模块分为三部分：第一，必须制定明确的智能变电站电力设备的测控参数信息与电网运行检修班组的匹配规则；第二，根据电力设备故障报警信息的归类类别对电网运行或者检修工匠进行信息搜索与匹配，软件系统可对智能变电站与电网运行或者检修工匠的基本信息的完全匹配得以实现；第三，软件系统获得的智能站内电力设备的报警信息和电网运行检修人员的基本信息进行导入、嵌套与组合形成标准的智能变电站电力设备故障报文信息。

故障通知功能模块的核心是站内电力设备与电网运行检修人员的匹配，本系统必须将设备故障告警信息与其负责变电站运行与检修的人员基本信息进行成功匹配后，系统才能结束当前步骤，进而执行后续的任务处理。

由此可知，为完成这个功能，需要满足以下的要求：

（1）由于电网公司人事变动频繁，必须充分考虑电网运行检修班组及其职责的实时变化，并需要及时更新数据库，让匹配规则更具自由与灵活性。

（2）实际中智能变电站内电力设备发生故障后，通常需要多个电网运行检修班组配合处理，电力设备的告警信息需要保证与多个班组进行匹配。

（3）由于电网公司运行变化，系统内置的各类匹配规则也应当具有灵活的添加或删除等功能，满足实际现场变化带来的通用性。基于图 7-13 所示的系统事故通知模块的功能需求示意图，那么智能变电站故障紧急处置系统中故障通知模块的数据流程图如图 7-14 所示。在智能变电站故障紧急处置系统的故障通知功能模块中，需要进行保存的数据包括电力设备的测控信息的变化、班组对应信息以及报警信息等。需要进行加工处理的信息包括查询、添加、删除、保存、修改、提取、人员匹配管理以及标准报文合成管理等。主要的外部接口包括信号状态功能模块、基本信息功能模块以及报文发送功能模块。

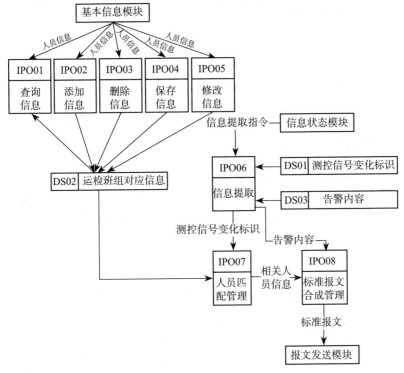

图 7-14 故障通知模块的数据流程图

三、智能变电站故障紧急处置系统总体设计

（一）智能变电站故障紧急处置系统设计方法

目前，国内外的大量研究学者对软件系统的结构化思想和软件复用技术展开了深入研究与探索，现代流行的设计思路已经不再是单纯的服从以前的思维，而是深入剖析整个软件系统的程序框架结构和业务流程，对业务流程进行必要的调节与修改，结合用户实际需求最终形成软件系统的所有设计。所有的软件系统的整体功能都是以基本的数据流为基础，联合各个功能模块协同完成，同时考虑实际用户的实际业务流程的具体交互加以微调，从而形

成了整个软件系统的框架结构完成软件系统最大限度的可重用性的结构化设计。

软件系统设计是软件的核心工程，为适应当前软件系统的功能复杂的、繁多的要求，最流行的做法是采用分而治之的设计思路，该思路就是软件系统的体系结构设计的主要思路。当然，软件在开发设计时通常也会用到一些常规的辅助方法类，如事务处理类、数据库（Database）访问类等。综上软件设计的思想，软件系统结构化设计的整体框架结构示意图如图7-15所示。

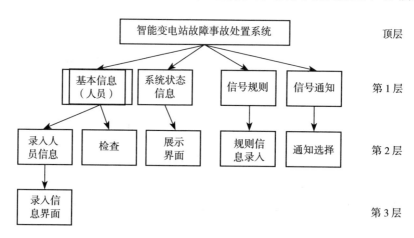

图7-15　软件系统结构化设计的框架结构示意图

由图7-15可知，在确定软件系统结构图的时候，首先确定了软件系统的顶层和底层的软件结构示意图，通过对软件数据流程图的分析，本文设计了智能变电站故障紧急处置系统的完整结构示意图。完整的软件结构示意图中包含了各类基本信息、智能变电站的状态信息、故障紧急处置、信号规则管理和信号通知等功能模块。

下面对软件系统功能模块进行详细阐述。

（1）基本信息功能模块的主要任务是向调用基本人员信息的其他模块提供基本的数据信息，同时需要对基本的人员信息，实现录入和删除等管理操作。因此，它需要有两个下级模块：数据接收录入模块和数据调用转换模块。

（2）智能变电站状态信息功能模块的主要任务是向调用智能变电站的基本状态信息的其他高层模块提供基本的数据信息；另外，该模块需要接收来自智能变电站的其他数据格式的数据信息的能力。所以，它需要有两个下级模块：接收其他数据格式并展示模块和将接收到的状态信息变为其他模块可以调用的数据格式的模块。

（3）信号规则功能模块的主要任务是录入相关信号规则信息和将已录入的信号规则信息转换为其他模块可以调用的数据格式。所以，它需要有两个下级模块：接收录入数据并展示模块和将录入的数据存储为其他模块可以调用的数据格式的模块。

（4）信号通知功能模块的主要是实现对信号通知的选择功能，可以分为以下子任务：

①勾选智能变电站内各个电力设备的信号规则的通知；

②将已确定的通知信息存储到相应的位置。所以，其仍有两个下级模块：数据录入模块和将数据转换为其他模块可调用的数据格式的模块。

（5）故障事故处置功能模块是本程序的核心组成部分，主要负责实现对所有基本状态信息的检测、对基本人员信息的调用以及对所有基本信号规则以及所有通知规则的识别，根据软件系统检测的结果对智能变电站是否处于紧急状态进行识别，并做出相应的处置。

（二）智能变电站故障紧急处置系统总体结构设计

智能变电站故障紧急处置系统是由信息收集、数据信息处理等多个子任务功能模块有机结合而成的软件系统，为更好、更合理地整合软件系统的各个子功能模块，为全面地对软件系统总体结构进行设计，从软件系统的整体任务流程的角度出发，对系统的总体的结构进行了详细的设计。在前面章节讨论过后的智能变电站故障紧急处置系统的包括整体、子功能模块需求。所以，系统工作流程图如图 7-16 所示。

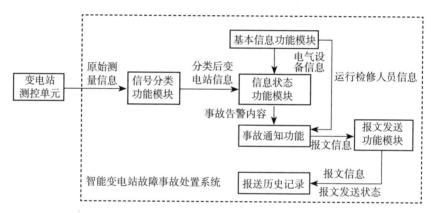

图 7-16　智能变电站故障紧急处置系统工作流程图

如图 7-16 所示，在软件系统的功能需求的系统工作流程图的基础上，对系统的总体和子功能模块进行了详细的设计，智能变电站故障紧急处置系统的总体功能模块示意图如图 7-17 所示。

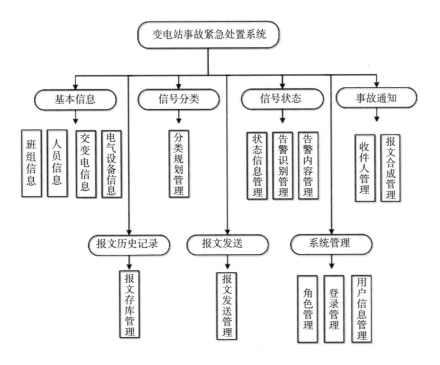

图 7-17 智能变电站故障紧急处置系统的总体功能模块示意图

在智能变电站中，电力设备的遥控信号显示后，大大降低了电网运行监视人员的工作量。如何加强电网运行人员监视电力设备运行质量，即加强电网运行人员对变电站设备异常研判和及时处理的准确性的矛盾出现。由于现有智能变电站都是无人值班，其模式为"集中监控、分散操作"，即电网运行人员不参与智能变电站现场的操作及巡视，电网运行人员技术、业务素质的培训与加强一直是个难题，很难对事故异常情况在第一时间内做出准确的判断及处理。如果对智能变电站电力设备出现的每个告警遥信信息进行快速辨识和制定有效的抢修方案对处理异常情况、保障电网和设备的安全运行能发挥重要作用。因此，就需要建立起电力设备告警信号处理的专家系统，目的就是为解决两个实际问题：一是要对电力设备发生的单个告警信息进行推理与判断，找出故障原因和故障处理方案；二是对短时间内连续发生、有内在关联的一组事件信息进行综合推理判断，找出故障原因和故障处理方案。

系统的总体功能可分为基本信息模块、信号分类模块、信号状态模块、事故通知模块、报文发送模块、报送历史记录模块和系统管理模块七大模块，对智能变电站故障紧急处置系统中所有子功能需求具有一致性。

在系统实施后，可以在最短的时间内收集所有与知识库的事故异常相关的重要信息，并推理出该异常事故情况的处理方法，协助值班员及时进行准确分析与处理，削弱了事故对系统的影响，可减少异常的危害性。系统提供的事故异常处理方案是变电运行人员良好的技术指导教材，与现场设备紧密结合，有利于值班员熟悉设备、熟悉回路、熟悉事故及异常处理。信息处理系统的问题求解过程是通过知识库中的知识来模拟专家的思维方式的，因此，知识库是信息处理系统质量是否优越的关键所在，即知识库中知识的质量和数量决定着信息处理系统的质量水平。

一般来说，信息处理系统中的知识库与信息处理系统程序是相互独立的，用户可以通过改变、完善知识库中的知识内容来提高信息处理系统的性能。一般地县级区调遥信信息尽管有 10 000 多个，但需要关注的变电站事故及异常告警信息经过归纳总共只有 90 种左右，这也 110 kV 覆盖了及以下变电站全部事故及异常告警信息的种类，具有普遍意义。我们将这种事故及告警信息每种都进行了原因说明并提供处理方案，建立起变电站信息处理信息处理系统知识库。

（三）智能变电站故障紧急处置系统数据库设计

智能变电站故障紧急处置系统中七大功能模块中所涉及大量数据保存、分析处理以及数据库操作等一系列步骤，同时数据访问层是最重要的一层，数据访问层的目的是实现应用软件系统对底层数据库的访问操作，完成逻辑功能对数据库进行的新建操作、更新操作与删除操作等。因此，对系统中主要对象进行数据结构分析非常有必要。

软件系统中数据对象与数据对象之间必定存在一定的关联与联系。实体-联系模型（即 E-R 模型）是一种对现实世界的数据结构进行联系描述的方法，该模型具有简单、实用的特征，在各行各业的实际工程中得到了非常广泛的运用。

四、智能变电站故障紧急处置系统的关键模块详细设计

（一）智能变电站故障紧急处置系统界面设计

分层设计中表示层主要实现人机交互和软件界面展示，表示层主要负责提供一个完善的业务操作界面和底层功能整合功能，对用户业务的操作结果进行全面的展示也是表示层的最主要的任务。因此，软件开发者必须先制定人机交互界面的设计原则，才能更好地实现对故障紧急处置系统的人机交互界面的设计与开发，则具体的原则主要包括风格统一、导向明确和对计算机本体影响小。

Dev Express 是 Developer Express 的缩写，是由一家全球知名的控件开

发公司开发的平台。DevExpress 也特指此公司出品的控件集合或某系列控件或其中某控件。DevExpress 开发的控件有很强的实力，不仅功能丰富，应用简便，界面华丽，更可方便定制，对于编程人员来说是个不错的选择。除此之外，它的菜单栏控件更具代表，完全可以替代开发环境提供的基本控件，而让程序员编写的程序或软件更显专业化。它还提供完善的帮助系统，资料详尽，可快速入手。有些高级控件更是零代码的，非常易于使用。同时，慧都科技集团针对 DevExpressfor.NET 推出了官方汉化资源，使该控件的英文界面、弹出框、右键菜单等翻译成中文，便于中国开发者的开发和使用，节约 30% 的项目开发时间。DevExpress 有较多优秀产品，有套包也有子控件，在此仅对用户界面 DXperienceUniversalSubscription 该款套包控件做一个介绍：DEV 宇宙版是一个 NET 平台的用户界面套装，它包含 Grid、Chart、Reporting、Tree-Grid 等 100 多个功能子控件，同时套包内包含 Winform、WPF、Sliverlight、.NET 版本和 .NETApplicationFramework 开发框架。适用于各种桌面、Web 应用程序开发，尤其是 Winform 应用程序开发，使用范围极广，深受开发者喜爱。

根据系统实际使用的需求和强制性的要求，软件系统的人机交互界面都是基于 Winform 框架而开发的，而 Winform 框架的交互界面设计主要分为传统性界面设计、DotNetBar 样式界面设计以及 DevExpress 样式界面设计等三种风格。

以上三种人机交互界面设计也是各具特色：

（1）Winform 传统界面设计风格主要是采用了 OutLookBar 工具条以及

著名的 Weifengluo 多文档布局控件，同时集成了分页控件、使用基于 Apose.Cell 控件的自定义报表等功能，能适应大多数业务系统的引用。框架数据编辑界面、普通查询窗体界面均采用窗体集成模式，大大地简化了开发代码程序，提高窗体界面开发效率以及界面的统一性。

（2）基于传统模式的 Winform 界面设计风格，通过引入 DotNetBar 优秀的界面设计组件和界面设计技术，可以实现对界面的样式与布局进一步提升与美化。也可以将工具栏统一的并集中的放置在组件 Ribbon 工具条上，并且该工具条同时具有折叠分组、支持多文档的界面操作等一切功能，布局也是相当的美观与简洁，同时使用起来也非常方便。

（3）DevExpress 界面设计方法也是基于传统模式的 Winform 框架，通过引入 DotNet 中优秀的 DevExpress 界面组件，DevExpress 界面组件将对界面的布局和样式设计等模块提升到一个新的高度，DevExpress 界面组件同时提供该样式的分页控件，通过使用 DevExpress 界面组件使得界面设计整合得更加的完美，在开发时设计过程简洁方便。

基于 DevExpress 界面设计技术及电网企业人员对界面设计风格的期望，本软件系统主要是采用 Ribbon 样式来完成功能模块的分组。软件界面上图文并茂的功能按钮，让整个软件界面看起来更加直观与漂亮，如果再精选一些适宜的按钮图标，又可以极大地提高软件使用者的用户体验和好评率。本文使用的 Ribbon 样式的分组按钮，不仅可以增加软件界面更加充分的功能菜单，而且可以实现更加合适的归类与管理功能。另外，本系统为实现 Ribbon 样式的分组按钮的效果，多个 Ribbon 样式的分组按钮需要用一个容器容纳，本文选择 RibbonPageGroup 来装多个 Ribbon 样式的分组按钮组件。与此同时，RibbonPage 按钮组件还可以实现 RibbonPageGroup 与 RibbonPageGroup 之间的灵活切换。

（二）信号状态功能模块详细设计

软件系统中的最核心的功能模块，该功能模块主要实现以下三个方面的功能：

（1）把智能变电站内各类的电力设备的测控信息罗列出来，然后对这些进行操作。

（2）通过软件系统运算辨识智能变电站内各个电力设备的测控装置上监测到的信号信息的变化告警信息。

（3）软件系统通过电力设备的测控信息的详细信息和变电站的具体情况，通过模板导入生成报警报告内容。软件系统的子功能中具有添加功能、删除功能、保存功能以及分类切换功能，系统中表示层、逻辑层、数据层的框架总体图设计。软件系统如何进行人机界面交互的工作就是功能逻辑层完成。

在功能逻辑层：

（1）分类显示子功能通过组织查询的方法，通过接口，运用 Select 底层数据库操作实现对相应分类的数据单进行检索。

（2）添加子功能通过组织添加的方法，通过接口，运用 Insert 底层数据库操作实现对相应分类的表中数据行进行添加。

（3）删除子功能通过组织删除的方法，通过接口，运用 Delete 底层数据库操作实现对相应分类的表中数据行进行删除。

（4）保存子功能通过组织更新的方法，通过接口，运用 Update 底层数据库操作实现对相应分类的表中数据行进行更新保存。系统底层数据库存储的数据是根据信号分类功能进行分类后，对智能站内的各种电力设备的测控信号进行保存。

智能变电站内的任何一个电力设备，均包括有多个测控数据信息，将这些电力设备的测控信息形成一个数据序列，并且组成与数据序列长度相同的，由 0 和 1 构成的标识判别数据序列。通过将实时测控数据序列与历史测控数据序列进行对比，判别是否发生报警变化，如果发生变化，将标识判别数据序列的相应标识位由 0 变为 1。

子功能 3 根据子功能 2 识别出来的发生告警变化的电力设备测控信息，结合基本信息模块提供的电气设备基本信息，组成告警报文的核心内容，在完成对告警内容信息的构成后，子功能模块还需要将标识判别数据序列中相应标识位由 1 置为 0。

（三）故障通知功能模块详细设计

信息状态功能模块最终形成了智能变电站的告警信息，将这些告警信息发送给合适的运行检修班组就非常关键，因为这将直接决定发生告警的电气设备能否得到及时有效地检修维护。

1. 故障通知功能模块主要实现

（1）软件系统根据预制的规则，设置电力设备测控信息与电网运行检修班组对应的规则。

（2）根据报警内容类别实现电网运行检修人员的精确匹配查找功能，输出匹配电网运行检修人员的基本信息。

（3）将信号状态功能模块生成的告警内容，与相关电网运行检修人员信息组合形成标准格式的报文信息。故障通知模块的子功能1存在添加功能、删除功能、修改功能、保存功能、分类切换功能，在功能模块的交互界面设计中，采用DevExpress界面组建中的NavBarControl控件对具有添加功能、删除功能、修改功能、保存功能、分类切换功能的功能栏进行了详细设计，软件使用者可根据实际需要点击NavBarItem进行交互操作。

2.故障通知模块子功能1的设计

（1）分类切换显示的子功能，通过组织查询的方法，通过接口，运用Select底层数据库操作实现对相应运检班组的数据单进行检索。

（2）添加子功能，通过组织添加的方法，通过接口，运用Insert底层数据库操作实现对相应分类的表中数据行进行添加。

（3）删除子功能，通过组织删除的方法，通过接口，运用Delete底层数据库操作实现对相应分类的表中数据行进行删除。

（4）保存子功能，通过组织更新的方法，通过接口，运用Update底层数据库操作实现对相应运检班组的表中数据行进行更新保存。系统底层数据库中数据是智能变电站内的电力设备对应的测控信息对应的电网运行检修班组的编号数据。子功能2功能逻辑层面，子功能3结合信号状态模块的子功能3输出的告警内容和故障通知模块的子功能2输出的负责班组编号，通过某种特定的组合方式合成用于邮件通知的标准告警报文。

五、智能变电站通信网络故障诊断方案的设计

（一）故障诊断方案的设计

针对智能变电站故障诊断这个课题，国内外学者提出了多种方案研究。故障诊断是一个涉及面比较广的问题，对于智能变电站故障诊断的方案设计原则主要有以下几个方面。

（1）智能化：随着人工智能技术在故障诊断中的应用，当故障发生时应减少运维人员的工作量，降低变电站运维的门槛。

（2）精确度：智能变电站的故障诊断多集中于一次系统，故障诊断的最小粒度为设备。针对二次设备网络化的特性，故障诊断的最小粒度可缩小至确定的设备端口。

（3）诊断速度：当故障发生时，诊断方案需快速找出故障点，将故障所带来的影响尽可能地降低。

（4）通用性：每座智能变电站有不同的配置文件，对于专家系统诊断方案，由于取决于先验专家规定的规则，其通用性较弱。故障诊断方案需满足不同智能变电站的要求，实现不同站同一种方案的应用。

（二）基于粗糙集的故障区域诊断

1. 粗糙集的基本概念

粗糙集是相对于精确集合提出的一个概念。粗糙集是科学家在概率论、

模糊集和证据论的基础上，不断研究创新出的一种处理不完备的信息算法。粗糙集在保持决策精度不改变的情况下，对原本提供的决策所需的条件进行噪声滤除，发现决策条件间的映射关系，从而利用最小的集合得到决策的结果。

粗糙集具有很强的实用性，已应用在医疗诊断、设备故障诊断等多个领域。它具有以下几个特点。

（1）无须模型的提前训练。粗糙集无须训练就可以依据规则处理信息。

（2）处理不完备数据。不完备数据有许多的噪声数据，会干扰到许多算法的决策，粗糙集理论可以很好剔除噪声的干扰。在智能变电站故障诊断过程中，可利用不完备的前一部分告警数据即可将故障诊断在确定的 VLAN 区域内。

（3）知识约简。知识就是决策时所需各种各样的条件以及条件附带的各种属性，这些知识有很多是重复冗余的，甚至有些知识对于决策来说是无用的垃圾信息，粗糙集不仅可以处理不确定性数据，同时还可以得到决策所需的最小的集合。

2. 属性的约简

在粗糙集中，知识的获取主要是以原始决策表格的简约为关键基础，再进行规则提取，使得条件属性和决策属性间的依赖关系不发生改变。在此前提下，来对原始决策表进行简约。

3. 基于遗传算法的决策表约简

Apriori 约简算法。寻找约简的方法分两步，第一步通过从条件属性集中逐个删减元素的方式求得条件属性的核；第二步通过把非核条件属性逐个加入核的方式得到约简。在从核扩展到约简的过程中，采用 Apriori 算法，这是挖掘布尔型关联规则的一种重要算法。它的主要思想是利用一个逐层搜索的迭代方法，同时根据支持度阈值对数据进行剪枝，控制候选项集的生成。之后，从上一步产生的所有频繁项集中提取出满足置信度阈值的规则。从含 n 个元素的非核条件属性集合推出含 n+1 个元素的非核条件属性集合，当系统足够大时，可能产生大量的候选项集，占用巨大的时间和空间，该算法的计算数量是呈指数增长的。基于小生境遗传算法的粗糙集属性约简方法，该算法通过尽量保持遗传算法中群体的多样性，求解出决策表中存在的不同约简，但该算法没有加入惩罚函数，算法收敛效果一般。针对以上问题，本文采用遗传算法进行决策表约简。

遗传算法借鉴了大自然"物竞天择，适者生存"的规则，是一种仿生物学算法。遗传算法将智能变电站故障诊断的条件属性作为进化种群的个体，产生一个衡量个体优劣性的指标，并相应产生种群进化遗传的规则，保留适应性强的个体基因，剔除适应性差的个体。这样迭代遗传，当出现几代种群适应性值不发生改变时，说明遗传完成，可输出结果。遗传算法其实是一个求近似最优解的过程，相比较传统约简算法将所有可能列出比较求最优的过程，遗传算法有收敛快的优点。

运用遗传算法解决粗糙集决策表约简问题的具体步骤如下。

（1）种群初始化。种群的初始化需确定编码规则，生成初代种群。粗糙集决策表中智能变电站网络报文分析仪获取的信息可以描述为布尔信息，即

1或0。1代表链路报文正常，0代表链路报文故障，所以我们采用二进制编码。遗传算法中染色体为种群的基本单位，基因为每条染色体的基本单位。粗糙集决策表中条件属性表示的链路状态作为基因的值，染色体的长度与条件属性的个数相同，位置一一对应。假设该变电站共有 n 条链路报文，对应报警信息将所有链路状态转换由 {0，1} 组成的染色体。编码方式确认以后，就可以进行群体的初始化工作了。初始化迭代计数器 t=0，首先计算出粗糙集决策表中条件属性的核属性，再进行种群的初始化。以核属性必须为 1 为前提，生成 m 个长度为 n 的染色体组成初代种群 P（0），避免了随机产生种群的收敛速度慢的问题。

（2）个体评价。个体的适应度是种群进化选择的依据，选择恰当的适应值函数，是遗传算法的核心所在。适应值函数满足量化了个体对于所求问题的支撑度。智能变电站故障诊断中对于决策表的约简，需要条件属性的支撑度越强，量化的值对应越高。

（3）选择运算。采用合适的选择算子，可以将种群中优势个体遗传到下一代。将群体中适应值最高个体按 3% 的比例直接遗传到下一代。剩余的97% 个体采用轮盘赌的方式选择较为科学。

（4）交叉运算。交叉运算是将两个个体的基因进行交换，从而产生新的个体。是遗传算法中产生新个体的一种手段。在智能变电站中采用单点交叉的算法，随机选中某条件属性，以此为点，交换两个染色体的基因，既保留了原有优势基因，又产生新个体的种群。一般地，交叉运算发生的概率为0.4~0.99 之间的随机数。

（5）变异运算。变异运算是遗传算法中产生新个体的第二种算法。变异运算是将个体中的某位基因发生突变，1位变为0位，0位变为1位。这样做可以使遗传算法跳出局部最优，从而找到最优解。应用于智能变电站的物理意义就是，在粗糙集约简的过程中突然改变某链路报文的状态，从而达到对决策的影响。

（6）算法终止条件。若种群连续g代适应值没有发生变化，或者遗传代数达到预设最大值，终止遗传输出结果。

两种方案的性能对比如表7-1所示：

表7-1　方案性能对比表格

方案	智能化程度	精确度	诊断速度	通用性
邻接矩阵	中	端口	较慢	强
分步缩小范围	高	端口	较快	强

从表7-1中可知基于邻接矩阵分析法的故障诊断方案，由于没有对故障警告信息进行数据分析处理，直接应用于邻接矩阵中，致使此方案不仅智能化程度不高，且计算量大，导致诊断时间较长。分步缩小故障范围的诊断方案，由于采用了粗糙集理论先将故障警告信息进行了知识约简，所以其智能化程度较高，该方案优化处理了矩阵模型，有效降低了计算量，提高了诊断效率。

基于分步缩小故障范围的诊断方案，设计其对应的具体故障诊断流程图如图7-18所示。建立变电站通信网络拓扑模型，监测故障信息，对智能变电站通信网络的故障警告信息进行大量的采集工作。通信网络的故障警告主要从网络报文分析仪（networkanalyzer，NA）中获得，故障警告以报文为单位。

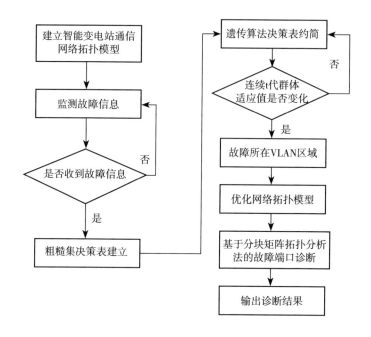

图 7-18 智能变电站通信网络故障诊断流程图

网络报文分析仪是智能变电站必备装置之一，主要与各层间的交换机连接，与站控层的主机连接。它可以记录和分析整个智能变电站的报文，为智能变电站的故障诊断提供了平台。它的主要功能为智能变电站 GOOSE、SV 和 MMS 报文的记录、故障告警和网络流量统计等。但是网络报文分析仪只能做一些报文数据的收集统计工作，没有处理分析报文数据的功能，所以当故障发生时，网络报文分析仪无法提供故障发生的原因与位置。

基于粗糙集理论先将故障发生的区域诊断在确定的 VLAN 区域内。因智能变电站通信网络告警信息的特点与粗糙集理论的特点匹配，所以本文采用粗糙集理论处理大量的告警信息，故障发生范围缩小后，采用其他智能算法继续完成诊断故障的工作。针对粗糙集理论中知识约简计算量大的问题，采用遗传算法构建惩罚因子，加快了其收敛速度。

在将故障范围缩小至确定的 VLAN 区域内后，构建物理网络拓扑模型与逻辑网络拓扑模型之间的映射关系，给出基于分块矩阵拓扑分析法故障诊断的流程，将故障范围诊断在确定的端口，以虚拟局域网技术为主，稀疏矩阵和对称矩阵技术为辅优化矩阵分析法，提高了该算法的效率。

4. 基于粗糙集的故障区域诊断

智能变电站基于粗糙集的故障区域诊断流程如图 7-19 所示。具体地步骤如下：

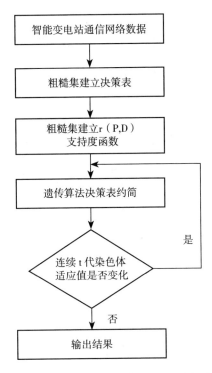

图 7-19　基于粗糙集的网络故障区域诊断流程图

步骤 1：对智能变电站通信网络的故障警告信息进行大量的采集工作，通信网络的故障警告主要从网络报文分析仪中获得，故障警告以报文为单位，得到故障诊断的原始数据。

步骤 2：建立粗糙集原始决策表。决策表的条属性为报文 APPID，决策属性为 VLAN-ID。APPID 与 VLAN-ID 映射关系通过 SCD 文件的解析获取。具体地，首先解析 SCD 获取报文与 IED 设备的映射关系。接着，根据智能变电站 VLAN 划分结果获得 IED 设备与 VLAN-ID 的映射关系。最后，将两种映射关系通过 IED 设备连接，整合为一个三联映射关系，即获取报文与 VLAN-ID 的映射关系。

步骤 3：依据建立的智能变电站通信网络故障决策表。

步骤 4：采用遗传算法的决策表约简。

步骤 5：判断是否符合遗传结束条件。若不符合遗传结束条件，继续下一代遗传。若符合遗传结束条件，约简结束。

步骤 6：结果输出。

智能变电站网络连接简化分析图如图 7-20 所示。图中包含了 9 个 IED 设备，一台交换机，用于报文转发传输的端口共有 18 个，并对设备及端口进行了编号，依照功能将网络划分为两个 VLAN。

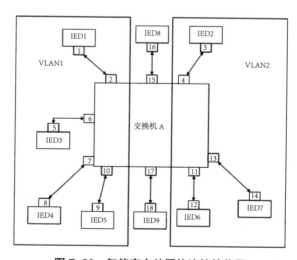

图 7-20　智能变电站网络连接简化图

（三）基于分块矩阵拓扑分析法的故障端口诊断

基于粗糙集理论将智能变电站通信网络的故障诊断在确定的 VLAN 区域内，在通信网络报文转发最小单位为端口的背景下，这一节继续介绍智能变电站通信网络故障的诊断。采用基于分块矩阵拓扑算法的故障端口诊断，将故障发生的范围进一步缩小至端口。矩阵法分析网络拓扑虽然逻辑简单，但是计算量大，占用内存空间大。

利用矩阵分析法对智能变电站二次系统网络进行分析，但其并未对建模矩阵进行优化，导致算法计算量较大。利用对称消去法降低邻接矩阵的阶数，但其只分析了建模矩阵的性质，没有结合变电站二次系统的网络技术特点，矩阵降阶的效果不明显。网络拓扑模型以矩阵为单位，根据智能变电站通信网络中的 VLAN 技术将物理网络拓扑模型降阶为对应的多个分块子矩阵。建立的模型矩阵具有稀疏矩阵与对称矩阵的性质，利用该两点性质可降低矩阵算法的计算量和占用的内存。

1. 智能变电站报文转发路径查找算法

通过链路状态路由协议建立的物理网络拓扑模型，将智能变电站通信网络物理模型转化为矩阵表示的数学模型。解析 SCD 文件建立逻辑网络拓扑模型，将 IEC61850 定义的"看不见，摸不着"的逻辑报文订阅关系转化为数学模型。构建两种数学模型的映射关系，可以查找出智能变电站任意报文传输路径。

2. 报文转发路径查找算法的优化

（1）基于 VLAN 技术划分物理网络拓扑模型。如图 7-21 所示为经过 VLAN 划分后智能变电站通信网络的示意图。

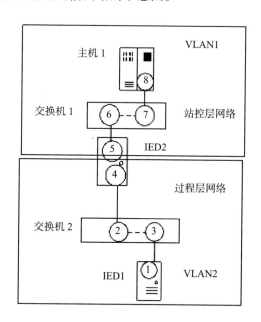

图 7-21 VLAN 划分的智能变电站通信网络

智能变电站二次设备通信加入了 VLAN 技术，在同一 VLAN 中报文路由转发具有封闭性，报文的发送与接收不可以跨 VLAN 传输。VLAN 技术严格的封闭性，保证了智能变电站网络拓扑矩阵分块的可行性。

（2）基于稀疏矩阵的物理网络拓扑模型。经过 VLAN 划分后的物理网络拓扑矩阵同时具有稀疏矩阵的特性，满足矩阵非零元素远小于元素总和。为了节省存储空间，可以只存储非零元素，采用三元组表顺序存储。

（3）基于对称矩阵技术的物理网络拓扑模型。网络物理拓扑矩阵经过 VLAN 划分降价处理和稀疏矩阵技术处理后，网络物理拓扑矩阵满足对称矩阵的特性，矩阵中的元素关于对角线对称，所以在存储和计算过程中只需处理上三角或下三角的元素即可。

3. 基于分块矩阵拓扑分析法的故障端口诊断

在优化了报文转发路径查找算法的基础上，构建了故障链路与智能变电站网络拓扑模型的映射关系。基于此，本文提出了一种基于分块矩阵拓扑分析法的故障端口诊断算法。

采用多种技术融合优化了报文转发路径查找算法，在此基础上提出了一种基于分块矩阵拓扑分析法的故障端口诊断算法。当通信网络发生故障时，能依据网络告警信息，诊断出故障发生的位置。如图 7-22 所示，为故障端口诊断的流程图。

具体流程如下。

（1）首先，基于粗糙集理论将智能变电站通信网络的故障诊断在确定的 VLAN 区域内。

（2）统计告警报文类型 T，并使计数器 t=1。输入 SCD 文件中解析获得的报文订阅关系。

综上所述，在建立智能变电站通信网络拓扑模型的基础上，把通信网络配置信息抽象为数学模型，本节提出了基于粗糙集与基于矩阵拓扑分析法相结合的故障诊断算法。该算法引入了将故障范围分步缩小的思想，第一步，采用粗糙集理论将故障范围由整站缩小到确定的虚拟局域网中，针对粗糙集理论中知识约简计算量大的特点，采用遗传算法加快了其收敛速度。第二步，构建物理网络拓扑模型与逻辑网络拓扑模型之间的映射关系，给出基于分块矩阵拓扑分析法故障诊断的流程，将故障范围诊断在确定的端口，并采用虚拟局域网、稀疏矩阵和对称矩阵技术降低了网络拓扑矩阵法的计算量。

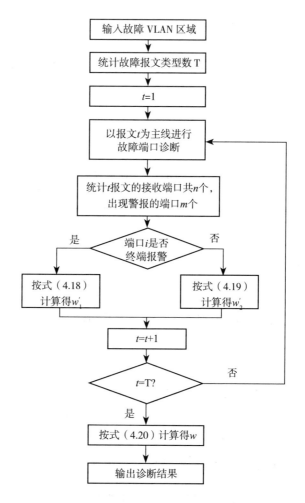

图 7-22　故障端口诊断的流程图

本章提出算法的特点是：第一，与多集中于一次设备故障诊断不同的是，此算法集中分析二次通信网络的故障诊断；第二，与将智能变电站故障诊断最小粒度集中在设备上不同的是，此算法将故障诊断的最小粒度精确到端口上，因为端口是报文传输的基本单元。第三，对矩阵拓扑分析法进行了优化，克服此算法计算量大的问题。

第五节 智能变电站通信网络拓扑模型的建立

一、智能变电站网络拓扑模型框架

网络拓扑模型是一个相对静态的模型，其主要功能是获取智能变电站的网络通信配置信息。

网络拓扑模型包含两部分内容，分别是物理网络拓扑模型和逻辑网络拓扑模型。物理网络拓扑模型是以智能变电站 IED 设备和交换机为对象，通过链路状态路由协议获取网络物理拓扑。逻辑网络拓扑模型是以 SCD 文件为对象，通过对 SCD 文件的解析获取网络报文的订阅关系、报文的数据参数和二次系统的网络参数。现有的网络监测系统生成的大部分是表格信息，不能形象直观地展现给运维工作人员，使得运维工作的风险难以得到有效的控制。本文的模型将网络物理拓扑，尤其"看不见，摸不着"的虚回路拓扑通过 Qt 平台进行了图形化的展示，智能变电站通信拓扑模型框架如图 7-23 所示。

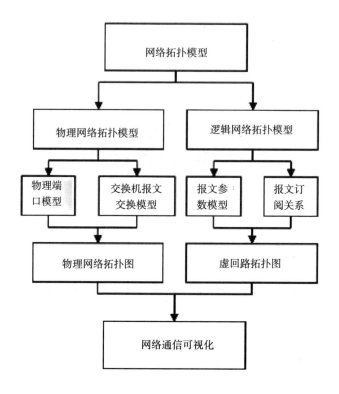

图 7-23　智能变电站通信拓扑模型框架

二、通信网络物理拓扑模型的建立

智能变电站二次系统中各个设备的端口是报文传输的最小单元，端口承担报文的路由功能，因此以设备的端口为单元建立通信网络物理网络拓扑模型。目前关于网络拓扑结构的研究算法主要由简单网络管理协议、Internet 控制消息协议、路由选择消息协议和链路状态路由协议。链路状态路由协议会创建拓扑图，有收敛速度快和稳定性好等诸多优点，是网络拓扑研究的主流手段。智能变电站通信网络物理拓扑模型包括智物理端口连接模型和交换机内部报文交换模型。

（一）物理端口模型

如图 7-24 所示为智能变电站通信网络的示意图。"三层、两网"式的结构，保障了变电站网络有序的运行。

图 7-24 中包含两台交换机、两台智能电子设备和一台主机。图中的数字表示二次设备的端口，对端口进行编号，共有 8 个端口，智能电子设备间、交换机间和智能电子设备与交换机间的报文转发以端口为最小单元传输，采用光纤实现了设备间的物理连接，由物理端口模型记录。

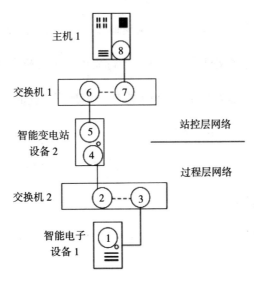

图 7-24　智能变电站通信网络图

（二）交换机内部报文交换模型

智能变电站中每台交换机需配置一张路由转发表，该表记录了交换机涉及的每一路报文在交换机中的路由情况。具体地，接收报文的交换机端口与发送报文的交换机端口的映射关系，由该表描述。图 7-24 中虚线标识所示，智能电子设备 1 与主机 1 间的通信需要交换机 2 内部对报文进行交换，此功能由交换机 2 的端口 3 与端口 4 完成。此过程是在交换机内部完成，虽然对交换机外部是不可见的，但是仍由网络中的端口完成。

三、SCD 文件的解析

一种快速的 SCD 文件解析算法是建立智能变电站通信网络逻辑网络拓扑模型的前提。SCD 文件因为记录了全站的设备信息所以结构复杂，一个较大规模智能变电站的 SCD 文件有上百万行的 XML 语句构成。

传统的解析算法是基于文档对象模型（Document Object Model，DOM）的算法，此算法先将文件导入内存，进行简单遍历解析文件，并对文件每一个标签建立对象，此算法简单，易于操作，但是算法耗时，占用内存大。

使用 DOM 方式的主要问题有：

（1）一次性导入 SCD 文件，逐行解析，占用资源多，且费时，对大型 SCD 文件解析性能差。

（2）解析结果的保存方式。没有结合 SCD 文件的结构保存，解析结果查找效率低。

（3）SCD 文件有两种用途，一种是智能变电站设备的配置，另一种是应用于智能变电站运维过程中高级功能系统中。DOM 算法只对 SCD 文件进行解析，并没有结合 SCD 文件的内容与结构，对解析结果整合处理，显然无法满足变电站运维系统的要求。

基于上述问题本书提出了智能变电站 SCD 文件并行解析算法，采用主从解析机制，主线程提取 SCD 文件的结构，从线程解析标签的名称与性质。主线程与从线程是串行关系；主线程与主线程、从线程与从线程是并行关系。首先依据 SCD 文件结构并行启动五种类型主线程，标记 SCD 文件五种类型的一级标签位置，保存标签位置信息。接着，统计一级标签位置的个数，启动相同数量的从线程解析一级标签及其所包含标签的名称与性质，每个从线程解析结果采用树型结构存储，建立五种类型子树，并将每棵子树按 SCD 文件结构整合成一颗完整的主树。最后，解析过程采用并行哈希算法实现树结构的快速查询。

智能变电站 SCD 文件并行解析算法的流程图如图 7-25 所示：

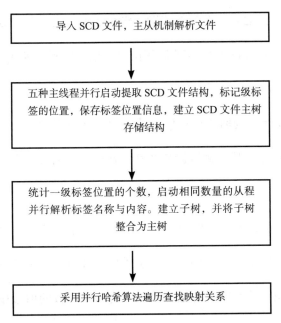

图 7-25　智能变电站 SCD 文件并行解析算法的流程图

具体地，每一步骤的工作如下：

步骤 1：将 SCD 文件导入内存中，采用主从机制，主线程提取 SCD 文件的结构，从线程解析标签的名称与性质。主线程与从线程间是串行关系；主线程与主线程、从线程与从线程间是并行关系。

步骤2：图 7-26 是解析 SCD 文件的结构图，图中省略号为 SCD 文件二级标签下所包含的标签。对应 SCD 文件的结构并行启动 Header、Substation、Communication、IED（多个）和 DataTypeTemplates 五种类型的主线程提取 SCD 文件结构。标记五种一级标签在 SCD 文件中的位置。建立标签位置信息，包括标签起始位置、标签结束位置和标签属性。如图 7-26 所示 A 主线程记录一级标签 Header 的标签位置信息；B 主线程记录一级标签 Substation 的标签位置信息；C 主线程记录一级标签 Communication 的标签位置信息；D 主线程记录一级标签 IED（多个）的标签位置信息；E 主线程记录一级标签 DataTypeTemplates 的标签位置信息。依照一级标签的位置信息，建立 SCD 文件主树存储结构。

步骤3：统计一级标签位置信息的个数，并行启动等数量的从线程，从线程从标签起始位置开始解析标签及其包含标签的名称和性质，到标签结束位置结束解析，最后将标签属性加入解析结果中。

步骤4：建立子树的过程中，采用并行的哈希算法，不仅建立了标签名称与解析结果的映射关系，同时避免了子树合并过程中哈希冲突的问题。并行哈希算法采用一致性哈希算法的原理，将哈希函数的值域按照一级标签的个数进行等分，接着将等分后的哈希值范围分配给每个一级标签。既可以在从树建立的过程中并行地完成哈希计算，又可以在整合时避免哈希冲突的发生。

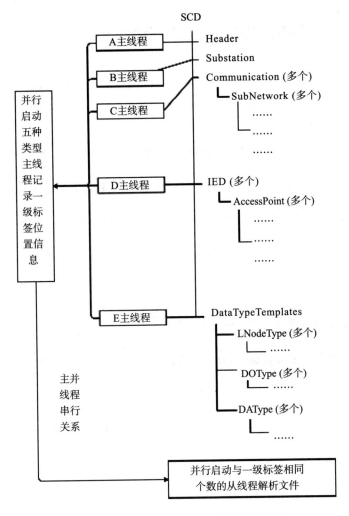

图 7-26 解析 SCD 文件的结构图

与传统 SCD 文件解析算法相比本算法采用并行技术启动设备的多个线程快速完成 SCD 文件的解析，充分利用了设备资源，大型 SCD 文件解析性能佳。同时，无须多次解析，将解析结果应用并行哈希算法技术存储，提供解析结果查寻接口，减少了现场调试工作大量的时间和人力，使运维工作的风险得到有效控制。

四、通信网络逻辑网络拓扑模型的建立

并行解析 SCD 文件的算法使得 SCD 文件的信息可方便使用，为智能变电站逻辑网络拓扑模式的建立打下了基础。

二次设备的一个物理端口可以同时发送和接收多路报文。为了表达方便，在 IEC61850 协议中定义了逻辑节点，其中逻辑节点是报文发送的最小粒度，是由功能和数据定义的节点，并非物理上的节点，代表物理端口的某个定义功能。报文订阅关系，也称为网络逻辑连接关系，SCD 文件可以解析出智能变电站的报文订阅关系。

报文订阅关系获取步骤如下：

（1）SCD 文件 Communication 标签，获取作为发送方智能电子设备的控制块名称 cbName、接入点名称 apName 和逻辑设备实例编号 ldInst；

（2）SCD 文件智能电子设备标签，获取作为接收方智能电子设备的 cbName、apName 和 ldInst；

（3）分别比较发送方智能电子设备的 cbName、apName 和 ldInst 和接收方智能电子设备的 cbName、apName 和 ldInst 若完全相同，则确定 APPID 属性，其中，APPID 属性标识一路报文订阅关系。

（4）并且在 Communication 节点下，记录 GOOSE/SV 报文的数据参数，包括报文的组播 MAC 地址、VLAN-ID、报文优先级、报文的 APPID、报文所属的控制块名称和 AP 名称。逻辑网络拓扑模型有报文发送模型、报文接收模型组成和报文参数模型。

（1）报文发送模型。SCD 文件中解析出智能变电站全站报文订阅关系，用报文发送模型记录发送报文的端口。

（2）报文接收模型。SCD 文件中解析出智能变电站全站报文订阅关系，用报文接收模型记录接收报文的端口。

（3）报文参数模型。SCD 文件可解析得报文的相关参数，对于智能变电站通信网络的研究有着重要的价值。在报文发送模型与报文接收模型确定以后，将报文订阅关系中用 APPID 标识的报文与报文参数模型中相同 APPID 的报文参数匹配，获得更全面的报文逻辑网络拓扑模型信息。报文参数模型具体记录 GOOSE/SV 报文的以下这些参数：报文类型、组播 MAC 地址、VLAN-ID、报文优先级、APPID、控制块名称和 AP 名称。

综上所述，智能变电站通信网络拓扑建模算法，包括建立物理网络拓扑矩阵模型和逻辑网络拓扑矩阵模型。通过利用链路状态路由协议建立了物理网络拓扑矩阵模型，解析 SCD 文件建立了逻辑网络拓扑矩阵模型。为了满足该模型建立的性能要求，提出了一种并行解析 SCD 文件的算法，从而达到快速获取 SCD 文件中变电站通信网络信息的目的。该算法采用主从解析机制，主线程提取 SCD 文件的结构，从线程解析标签的名称与性质。主线程与从线程是串行关系；主线程与主线程、从线程与从线程是并行关系。智能变电站通信网络拓扑模型的建立是故障诊断的前提。

第六节　智能变电站辅助监控系统的总体设计

一、智能变电站辅助监控系统的需求分析

（一）各个信息采集节点方便部署

智能变电站中，基本的电气系统部署已经十分复杂，电气一次、二次监控系统的信息传输线路较多，因此导致变电站内部的线路部署已经十分复杂。如果各个信息采集节点仍然需要复杂的部署，则将大大增加变电站内部的走线数量和复杂程度，彼此之间向存在一定的影响，同时也会提高系统和线路维护的工作量。因此要求辅助监控系统的信息采集节点必须方便部署。

（二）系统性能可靠

这是监控系统的基础保证，同时也是提高变电站运行安全可靠性的重要保障。监控系统运行可靠性既要从系统设计角度进行保证，同时在系统应用方面，也要进行相关设计。最为重要的时冗余性设计。如针对温度的信息检测，为了避免温度传感器故障导致的温度检测不准确，可以同时部署多个温度传感器，对所有传感器采集数据进行对比，可以判断出是否存在传感器运行故障，同时可以准确地判断出所在区域内的温度。在设计角度，要从设计方案

的选择、器件的选择、设计可靠性、可靠性测试等多个方面加以保证。如器件选择工业级温度的器件，进行多方位的可靠性测试，设计方案选择对可靠性最为有利的方案。

（三）具有较好的可扩展性

智能变电站的信息监测并不是一成不变，根据其实际的使用场景，可能会随时增加更多的检测物理量。如建设在靠近海域的变电站，或者建设在岛屿中的变电站，其所面临的海水腐蚀性较强，因此其可能需要增加酸碱腐蚀度测量，建设在复杂工业区内的变电站，则需要进行雾霾等参数的测量。上述列举的待检测物理参数都会加速电气设备的腐蚀，导致设备使用寿命降低，出现故障的概率增加。因此对这些不确定的物理参数测量十分必要。这就要求系统必须具备较高的可扩展性，可以较为方便的增加各种检测装置。

（四）尽量减少走线布线的工作量

在监控系统的部署方面，走线即包括电源供给线路，同时也包括通信线路，采用无线通信方式可较少通信线路，采用 POE 供电方式，则可以通过公用以太网通信线路的方式实现电源供给。

二、智能变电站辅助监控系统各个功能单元的实现方式

（一）针对环境信息监测的实现

环境信息的检测，主要依赖于传感器技术，如通过传感器采集环境的温湿度、一氧化碳浓度等。无论是针对火灾预警方面的环境信息监测，还是针对日常环境温湿度信息的监测，都需要依赖传感器技术。

传感器的种类多种多样，传感器的通信方式有多种，无基于 zigbee 协议的无线通信方式，基于 RS-485 协议的有线通信方式等。在具体使用中，传感器功能的选择需要根据实际的现场需求，而在实际选用时，通信方式的确定需要注意两方面问题：一是传感器可以提供何种通信接口，二是监控系统平台可以提供何种通信接口。当传感器的通信方式存在多种选择时，则选择基于 zigbee 通信方式。在某些专业性较强的领域，其传感器的提供商并不多，通常只有一种可以选用的传感器，此时监控系统平台则必须支持这种通信方式。需要注意的是，在智能变电站监控系统中，所有的传感器都是基于已经存在的现有产品，系统设计中不会进行传感器产品的设计，而只针对传感器应用的设计。

（二）室外环境监测的实现

室外环境的监测主要是应对天气变化情况，室外环境监测的参数包括环境的温度、风力风向、降雨、降雪、湿度等信息，即所有相关的室外气象环境信息都会影响电气设备的运行，也都是室外环境信息监测的重点。室外环

境的信息监控，主要是考虑到环境气象信息的改变对电气系统正常运行的影响。因此对智能变电站监控系统而言，最好在变电站内部设立独立的气象站，通过该气象站实时监测气象信息。

在室外环境监测的具体实现方式，即可以采用基本的传感器方式实现，也可以选用气象传感器。气象传感器是一个综合性的传感器系统，它有针对性的实现对所有相关西气象信息的检测，使用方便。在气象站中常用的七要素超声波气象传感器，型号为WXA100-07P它能够同时实现对风速、风向、空气温度、空气湿度、大气压力、雨量及光照强度七种气象要素的实时监控。该传感器结构紧凑、坚固耐用、安装方便、免维护，使用方便。

（三）门禁语音和人脸识别功能的实现

门禁语音和人脸识别系统同样采用当前已有的设备。通过通信连接这类门禁相关的设备，在系统内部统一的数据处理。目前门禁语音和人脸识系统主要是采用RS-485接口或者以太网接口方式实现对信息的检测。因此在监控系统平台方面，需要支持这种通信接口。

（四）视频监控的实现

视频监控系统主要包括三部分内容：一是摄像机探头，实现对部署位置的信息的检测。二是信息传输，多采用以太网进行数据传输。最后是上层的信息管控平台，通过控制平台可以读取视频监控系统的数据信息，同时也可以实现对摄像机的动态控制，如云台转动。视频监控同时具备一定的图像处理功能，即可以实现实际图像的获取，同时通过该图像处理技术可以判断是否存在窃电等事故，浪费电网资源。

（五）无须专用供电线路的解决方案

不采用独立的市电供电，可以有效减少变电站内部的布线工作。使用 POE 供电方式可以有效解决上述问题。POE 供电是指在当前以太网通信架构的基础上，不用做任何改动，在传输信号的同时，还可以为该设备提供直流供电的技术。因此它将通信线路和直流电源线路合二为一。在实现方式上，需要交换机端支持 PSE 功能，即交换机可以提供该直流供电功能。POE 是针对用电设备，PSE 是针对供电设备。

（六）通信方式的解决方案

智能变电站辅助监控系统中在不同节点处都需要通信，如传感器节点与控制单元 RPU 之间需要进行通信，RPU 与站内监控系统之间需要信息通信。RPU 与其他视频监控摄像机、门禁等单元之间也要通信。因此需要多种通信方式。

1. 传感器与 RPU 之间的通信方案

为了降低布线工作量，保证系统部署的简单性，在可以选用无线传感器的条件下，尽量选择基于 zigbee 通信方式的无线传感器，如果针对特殊采集功能的采集终端不支持 zigbee 通信方式，则需要提供 RS-485，或者以太网通信方式，以满足其与 RPU 之间的通信功能。

2. 视频监控摄像机与 RPU 之间的通信

目前高清数字摄像机多是以 IP 方式基于以太网传输，因此也称为 IPcamera。它的通信方式主要是以太网通信方式。在传统智能监控系统中，视频监控数据的传输采用的是独立的通信线路，因此需要独立部署传输线路。而基于五类网线的以太网传输其最大传输距离仅有 100 米左右，超过这一距离，则需要在传输通路上增加交换机实现中继传将该传输中继增加在 RPU 单元中，即在 RPU 内部增加交换机功能电路，使得其可以实现对摄像机的信息中转和传输。

3.RPU 与上层监控系统之间的通信方案

RPU 与上层监控系统之间采用以太网通信方式。在智能变电站中，根据变电站规模的不同，可能会存在多个 RPU 单元，而 RPU 是承载所有采集、检测数据的核心单元，尤其在增加了视频信息传输以后，其数据量跟大，因此在与上层监控系统之间的通信采用以太网通信方式。在具体的实现上，可以采用光纤传输方式。光纤的传输距离较远，同时在变电站强电磁干扰环境下，光纤比网线有更好的抗电磁干扰能力，保证传输信号的稳定。

4. 其他通信系统方案

变电站监控系统根据实际场景的需求，随时可能增加各种监控终端和传感器，而针对这些应用，目前无法完全预知其使用的通信方式，因此为了保证系统具有较高的兼容和扩展性，系统尽量预留不同的工业总线和通信接口，如 CAN 总线接口、RS-232 接口、USB 接口等。如果传感器是传统的模拟式传感器，则需要提供模拟信号采集接口。

（七）控制告警方式的解决方案

监控系统的告警需要包含两部分内容，一是将告警信息上传到中央监控中心，在监控中心控制系统中发出告警，二是在变电站中，发出告警。即使是在无人值守的环境下，站内告警指示仍然十分必要，以应对各种可能出现的状况。告警方案主要基于声光告警，其具有较高的警示作用。为了提高警示效果，通常选用 LED 旋转警示灯声光报警器装置。如 LTE-1101J 型号报警装置，该种告警设备不仅可以提供旋转的 LED 告警，从视觉上给出告警，同时还提供了警鸣告警方式，从听觉方面给出告警。该类告警装置通电既可以使用，既可以工作在直流 12 V、24 V 条件下，也可以工作在交流 220 V 条件下。

（八）系统精准对时要求

在智能变电站中，所有的信息传输都需要一个时钟基准，即以相同的时间作为基准进行命令的收发控制。在变电站的一次、二次电气系统中，该基础时间来自 IEEE1588 时间，该时间有变电站内部的 IEEE1588 时钟服务器发出，通过 NTP 技术在网络中进行广播，网络中的设备读取该信息并进行解析，在进行数据收发时，在网络数据包上打上时间戳，以保证系统内部的命令收发基于相同的时间。

三、智能变电站辅助监控系统总体设计

通信控制单板是整个环境监控单元的核心，是传感器网络与上层监控控制端的桥梁。它收集各个传感器的数据，并将其计算处理，转换为实际的物理量值，将其传输到上层监控系统中，同时告警单元等执行机构可以根据现场的实际检测数据进行报警。因为智能化变电站最终要实现无人值守，因此原来靠人工的所有环境参数目前都需要使用监控系统来采集。而环境参数将直接影响变电站的安全运行，因此环境监测系统对智能变电站非常关键。

（一）网络通信功能

通信控制单元接收传感器信号传输到上层控制中心，同时接收上层控制中心的控制命令，下发到现场执行机构。这其中与上层监控系统的通信都是基于以太网协议的传输。因此通信控制单元一定要支持以太网协议的通信。在以太网接口方面，可以有两种接口形式，一种是标准的 RJ45 接口，即普通的网口，采用标准网线进行传输通信，另一种是 SFP 光纤接口，采用光纤通信线缆进行传输。在本智能变电站中，因为存在较强的电磁干扰，因此为了保证传输，最好采用光纤传输方式。同时也预留 RJ45 接口，以方便现场的 IPcamera 等设备的连接。

（二）RS-485 通信接口

RS-485 通信接口主要实现与门禁控制器、SF6 泄漏报警器以及智能空调系统等的通信互联。后期随着智能变电站监控功能的增加，可能会增加更多的基于 RS-485 通信接口的设备。因此通信控制单元需要支持 RS-485 通信接口。

（三）开关量输入和输出

接口开关量输入和输出接口主要实现对一些开关量的读取和控制。对输出开关量，比如对声光报警器的控制，对风机电源的控制，对水泵的控制等，对输入开关量，比如对水浸传感器、烟雾传感器等信息的读取。开关量的读取与控制要主要开关量电压与控制器接口电压的匹配，通常在开关量输出端要加继电器单元进行驱动。

（四）模拟量输入接口

模拟量输入主要是对模拟传感器信息的读取，主要针对 4-20mA 的模拟电流信号，在读取后，处理器内部对其进行 ADC（模拟转数字）转换，将其转变为数字量，转化为实际的量化值，以便后续的信息处理。模拟量的输入需要进行电路设计，因为在控制器中，其 ADC 单元只能对电压进行转换，而无法直接读取电流量，因此需要设计电路把电流信号转化为电压信号，并且整个电路要做好模拟量和数字量的隔离。

（五）zigbee 通信接口

zigbee 通信接口主要针对的是 zigbee 传感器单元，这是一种基于无线通信的传感器，是目前传感器的发展方向，基于 zigbee 传输方式的传感器可以避免了在智能变电站应用中的布线工作，增强其系统的可扩展性。在目前，基于 zigbee 的传感器有多种类型，如温度、湿度、烟雾、气体含量、光照强度等等。

（六）POE 供电的实际需求

在进行变电站监控中，各种传感器、通信传输线路以及供电线路都需要进行布线和拉线工作，对于电源部分而言，还需要在现场进行额外的电源部署工作。这种复杂的布线工作极大地增加了工作量和成本，而在变电站系统中，复杂的布线将会在一定程度上减低整个系统的稳定性，因此较好的方案是尽量减少布线工作。本设计中借鉴国外智能变电站的建设经验，在减少布线工作方面，采用 POE 供电方式。

（七）板载交换机

在 RPU 上增加交换机功能，主要是为了方便网络通信接口设备的接入，如视频监控摄像机等，同时通过交换机可以扩展出光纤接口，实现通过光纤方式将所有信息传输到站控系统中。

四、通信控制单元控制器的对比选择

控制器是 RPU 的核心，其实现对各个接口的通信，采集所有节点的通信数据，并在处理器内部进行计算和处理，最终通过以太网接口实现与上层监控系统的通信。同时控制器也负责对各种开关量进行逻辑控制，如当判断出现故障预警时，给出告警。根据总体结构的分析，能够满足本系统应用的处理器有多种，选择何种处理器能够快速高效的完成处理工作，具体分析如下：

（一）数字信号处理器

DSPDSP 处理器即可以完成基本的逻辑控制，同时也可以完成数字信号的运算处理功能。并且在数字信号处理功能方面，具有突出的优点，它的内部集成了傅里叶变换等功能，因此可以加速这方面的计算，这一功能在运动控制领域、音视频图像处理领域有较好的效果。因此针运动控制领域也推出了专用的 DSP 处理器，主要应用在电机的调速控制，电力行业的整流逆变控制等领域。DSP 对数字信号处理的显著特点并不是本系统的需要，因此并不适合应用到本系统中。

（二）单片机微控制器

MCU 单片机控制器是最基础的控制器，其可以实现基本的逻辑控制，有一定的通信接口，可以满足基本的过程控制应用。单片机控制器的处理能力较弱，通常只有 8 位或者 16 位处理能力，同时运行主频只有几十兆赫兹，总体性能较弱。而在本系统应用中，控制器需要同时处理多种通信方式所采集的数据，同时还要对数据进行分析处理，打包后再次发送，因此对处理器要求较高，通常需要开启多进程同时处理，以保证系统的实时性。

（三）FPGA 处理器

FPGA 处理器是一种可编程的逻辑门阵列，它与上述处理器存在较大的不同。其内部的电路可以通过编程进行重构。FPGA 编程使用 VHDL 语言，而其他处理器的编程则主要采用 C 语言。FPGA 多用于通信等领域，其性能参数主要考虑因素是其内部逻辑门的数量，在通信领域使用的高端 FPGA 处理器，其内部逻辑门数量可以达几百万个，并且内部可以调用 ARM 内核、单片机内核等。FPGA 并不适用于本系统设计，使用这种处理器功能过于浪费。

（四）ARM 处理器

ARM 处理器是一类性能较高，接口丰富的处理器，在接口方面，其包括以太网接口、CAN 总线接口、串口、USB 接口、LCD 显示接口等，在运行速度方面，其可以达到几百兆赫兹。运算处理能力较强。ARM 处理广泛应用于消费类电子、工业控制等领域。目前的智能手机，其核心控制器则是 ARM 处理器，工业控制中使用的嵌入式一体化工控机，其核心也是 ARM 处理器。ARM 控制器的另一个突出特点为，其可以运行各种操作系统，如 Wince、Linux 和安卓等。在操作系统的统一管理下，其可以同时运行多个线程的程序。

目前已经推出了基于 ARM 类型控制器的笔记本电脑，由此可见 ARM 处理器的强悍性能以及其广泛的适用性。ARM 控制器运行操作系统的特点非常适合于本系统使用，尤其是 Linux 操作系统，其实时性较高，可以同时处理多个线程。ARM 控制器根据其内核的不同，又分为低中高不同的产品，低端产品主要包括 Cortex-M3、Cortex-M4 系列，其功能接口简单、类似于单片机，但是可以运行操作系统，中端产品主要包括 ARM7、ARM9、ARM11 系列，其运行主频较高，接口丰富，在工业控制方面应用广泛。

高端产品主要包括 Cortex-A9、Cortex-A15 等系列，多用于智能手机、平板电脑等，其突出特点主要表现在显示性能方面。在本系统应用中，对显示功能要求不高，但是对处理能力和接口类型要求较高，因此使用中端系列的 ARM 控制器即可。在中端级别的 ARM 处理器中，ARM9 系列在工业控制中应用最多，性能稳定，性价比最高。ARM9 内核处理器型号众多，目前在工业领域使用较多地是 S3C2416 处理器。

控制器内部分为 AHB 和 APB 两条总线，其中 AHB 总线主要对 FLASH、SDRAM、电源、中断以及 LCD 和 USB 主控制器接口等实现管理，APB 总线则主要针对 UART、USB 从设备接口、CAN 接口、GPIO、IIC、ADC 等接口进行控制。S3C2416 处理器能够稳定运行在 667MHz 主频上，最高支持 8GB 的 NANDFLASH 存储，以及 2GB 的 MobileDDR 内存具有较高的处理能力。

第八章 电力公司工程项目管理系统的实现

第一节 系统开发与实现环境

在进行系统设计开发前，必须要重点考虑系统的经济性，特别是在系统的软件和硬件选择上必须要考虑系统的成本，防止因为开发成本过高导致系统开发半途而废。笔者经过仔细分析与比较，在操作系统上本次设计选择 Windows10 操作系统，在系统编程语言上使用 Java 语言，在数据库方面则选用了使用比较广泛和技术较为成熟的 MicrosoftSQLServer 数据库管理系统。

系统具体的软件、硬件选用如下所示。

一、电脑软件

在电脑系统上，选择 Win10 操作系统的计算机作为系统开发的系统支撑。选择 Win10 操作系统的主要原因有两个：第一，Win10 系统具有很强的兼容性，可以与目前的大多数软件和硬件适配；第二，Win10 系统属于新系统，在许多方面都比其他系统更加先进。比如，Win10 系统支持多用户输出，对系统运行过程遇到的问题或漏洞有更强的自动处理能力。在系统开发软件上，选择 MyEclipse 软件，其核心是 Eclipse。MyEclipse 在包含系统开发需要的基本功能的基础上，提供了许多利于系统开发的插件，能够有效提高企业开发系统的效率。此外，很多插件可以在 MyEclipse 上稳定运行，目前在许多 JavaEE、移动端软件的开发工作中，已普遍使用 MyEclipse 作为开发工具。

二、电脑硬件

本次设计选择台式电脑作为系统开发的硬件，电脑的基本配置如下：在 CPU 上，使用的是 Inter6 核 64 位 i5 处理器；在电脑的内存上，使用的是 2 条威刚 8G 内存条；在电脑网卡配置上，使用的是 TP-LINKTG-3269C 千兆 PCI 网卡，在电脑的硬盘配置上，则是东芝 480GBSSD 固态硬盘。

三、编程语言

在编程语言上，选择 Java 语言作为系统编程语言，在 Java 语言环境下进行系统开发工作。此外，本次设计将系统开发分成两部分，第一部分是进行前端开发，主要是对系统的用户展示界面进行设计，在这一部分的开发工作中使用 Java 语言进行开发；第二部分则是后端开发，主要是实现与数据库的数据交互以及系统功能的实现，在这一部分使用 J2EE 框架作为后端开发框架。

第二节　系统主要功能的实现

本次设计的系统主要面向电力企业电力基础建设管理人员、电网规划管理人员以及施工单位项目组人员，提供系统基础信息管理、工程项目管理、项目物资管理、施工计划与进度管理、项目统计分析与报表输出管理和系统管理等功能。

一、系统登录功能的实现

为了保证系统的安全性，设计了系统的登录模块，防止非系统用户对系统进行操作。在系统登录功能模块设计时，首先对系统用户进行划分，根据用户工作类型不同将其分成不同的类型，称为角色，在系统中根据角色赋予其对应的操作权限，从而提高系统的安全性和稳定性。除了登录模块功能设计外，还要对登录模块的用户展示页面进行设计，简洁、干净的界面设计能够给系统使用者带来清爽的使用体验。当用户需要登录项目管理系统，要选择自己在电力公司工程项目管理系统中的角色，之后按照提示在登录界面输入相关信息，系统对数据库信息进行比对，验证成功后即可进入主页面。

二、基础信息管理功能的实现

基础信息管理功能是电力公司工程项目管理工作的基础功能，是工程项目管理工作规范性及准确性的重要保证。本系统在进行基础信息管理功能实现设计时，根据电力公司实际情况分别进行用户信息、工程项目信息、项目施工信息以及物资信息管理等功能的实现。信息管理主要是对基础数据进行增加、删除、修改和查询等操作，操作完成后将数据信息存入后台数据库中，完成信息保存。基础信息管理功能实现的时序流程图，根据时序流程进行软件功能和界面开发得到最终的软件系统。

三、工程项目管理功能的实现

工程项目管理需要实现与项目相关的一系列管理功能。其中，工程项目立项管理主要是围绕立项的项目进行相关信息的维护，具体包括信息填报、合同上传和成本评估等，对于大部分的环节，其管理流程都趋同，都要进行供应商资质、价格体系、售后等方面的考核。项目结算管理所涉及的主要信息包括与项目相关的工程量和项目资金的结算信息。

四、项目物资管理功能的实现

通过构建物资管理体系，可高效地对物资进行系统性管理，更为重要的是可将公司内部的业务流程固化，使得精细化的管理得到规范和约束。高层人员可通过系统精确了解到物资的使用情况，并对已形成的管理计划进行修改完善。工程项目在进入施工环节后，只有进行科学有效地物资管理，方能为项目的正常进行提供保证。结合前期制定的项目计划、预算，相关人员将施工所需的设备物资放入储存库，施工方根据需要，严格按照程序领用物资。

根据物资的实际使用和流转情况，设计的功能包括物资采购、入库、审批、出库等管理功能，以上功能主要是供各部门负责人使用。

五、施工计划与进度管理功能的实现

项目计划的制定由项目负责人实现，然后，将其交由上层人员进行审核，之后由各个参与主体来制定相应的审批流程，以上步骤完成后，通过浏览器，项目计划审核人员可以阅读信息。若计划与公司实际情况相一致，且得到了国家相关部门的批复，则审核通过，反之，制定者需要对计划进行修改完善，将存在的问题反馈给项目负责人。总进度可分为开工日期、竣工日期；针对各个阶段的施工，可确定出各自相对应的开工日期和竣工日期。当工程延期或出现其他异常状况时，竣工结算会有各种惩罚措施。在项目进度方面，系统设定了进度填报功能，可帮助管理者充分了解项目进展情况。

六、统计分析与报表输出管理功能的实现

统计分析与报表输出管理是对所有信息的一个汇总、整理、分析，以直观的形式展现给用户，以帮助用户全面、系统地掌握项目的整体情况。数据被统计出来后，将其与预定的数据相对比，若出入较大，则对相关环节流程进行改进和优化，从而将成本控制在合理的范围内。在用户交互界面中，用户可以按照实际工作需要，选择需要的项目进行统计分析并打印报表。

七、系统管理功能的实现

为了提高系统管理效率，系统允许系统管理员制定安全规则，通过这些规则，高效地对用户组别、权限等信息进行维护，对于系统用户，其只能使用自己权限内的操作。用户管理页面由系统管理员来操作，对于一般用户而言，该页面经支持登录密码修改。该页面设置有用户信息添加、编辑等模块，这些模块都由系统管理员来完成，普通用户不具备以上权限。

结　语

综上所述，电力工程建设中的项目管理是一项相对复杂的系统工程，其管理水平对电力工程的质量有着重要的影响。因此，需要电力企业充分重视项目管理工作，采取合理的管理手段，从施工质量、进度和成本等多个方面入手，做好项目管理的工作。随着我国电力工程项目管理事业的快速发展以及人们对于电力需求的不断提升，在现阶段的社会主义经济建设与发展中，电力工程项目的建设数量以及规模都有了很大的提升。电力工程项目管理作为电力工程项目施工建设中的一项重要内容，对其施工质量以及建设发展等，都有积极促进作用和意义。尤其是随着电力市场竞争得越来越激烈，进行新时期下国内电力工程项目管理策略的研究探析，其必要性与作用意义也更加显著。

参考文献

[1]沈润夏，魏书超. 电力工程管理[M]. 长春：吉林科学技术出版社，2019.

[2]山东电力工程咨询院有限公司. 电力工程项目管理[M]. 北京：科学出版社，2022.

[3]电力工程技术与电力设备管理[M]. 哈尔滨：哈尔滨地图出版社，2019.

[4]电力工程与电气自动化管理研究[M]. 北京：中国商业出版社，2019.

[5]刘念，吕忠涛，陈震洲. 电力工程及其项目管理分析[M]. 沈阳：辽宁大学出版社，2018.

[6]盖卫东. 电力工程项目管理与成本核算[M]. 哈尔滨：哈尔滨工业大学出版社，2015.

[7]鞠平. 电力工程[M]. 北京：机械工业出版社，2014.

[8]陈勇. 变电站交流回路智能检验系统设计与实现[M]. 长春：吉林人民出版社，2015.

[9]耿建风. 智能变电站设计与应用[M]. 北京：中国电力出版社，2012.

[10]宋福海，邱碧丹. 智能变电站二次设备调试实用技术[M]. 北京：机械工业出版社，2018.

[11]张秀霞. 变电站智能辅助综合监控系统应用[M]. 福州：福建科学技术出版社，2018.

[12]国家电网公司科技部，国网北京经济技术研究院组. 新一代智能变电站典型设计220KV变电站分册[M]. 北京：中国电力出版社，2015.